COTTON FRIEND
SEWING

Cotton friend 特別編集

COTTON FRIEND SEWING

迷人の自信穿搭術
時尚女子的生活感手作服43選

COTTON FRIEND SEWING

封面攝影＝回里純子
美術總監＝みうらしゅう子
封面作品＝No.01.無領大衣

迷人の自信穿搭術
時尚女子的生活感手作服 43 選

CONTENTS

本誌刊載作品 INDEX

P.46_ No.**30**

褶襉裙

製作方法 P.86

P.45_ No.**29**

V領連身褲

製作方法 P.83

P.44_ No.**28**

褶襉褲

製作方法 P.84

P.43_ No.**27**

寬版褲

製作方法 P.81

P.42_ No.**26**

寬版褲

製作方法 P.81

 —— OUTER ——

P.06_ No.**02**

雙層釦無領大衣

製作方法 P.61

P.04_ No.**01**

無領大衣

製作方法 P.59

P.49_ No.**33**

2WAY 細褶裙

製作方法 P.87

P.48_ No.**32**

2WAY 細褶裙

製作方法 P.87

P.47_ No.**31**

褶襉裙

製作方法 P.86

P.12_ No.**07**

開襟大衣

製作方法 P.14

P.11_ No.**06**

重疊領披風

製作方法 P.65

P.10_ No.**05**

領圍披風

製作方法 P.64

P.08_ No.**04**

披風

製作方法 P.62

P.07_ No.**03**

立領大衣

製作方法 P.59

P.54_ No.**40**

開襟長版外套

製作方法 P.94

P.53_ No.**39**

羅紋袖波雷諾小外套

製作方法 P.96

P.52_ No.**38**

短版開襟外套

製作方法 P.93

P.52_ No.**37**

飛鼠袖開襟外套

製作方法 P.92

P.13_ No.**08**

開襟大衣

製作方法 P.14 · 19

—— FASHION ITEM ——

P.55_ No.**43**

脖圍

製作方法 P.85

P.55_ No.**42**

脖圍

製作方法 P.85

P.54_ No.**41**

開襟短外套

製作方法 P.94

簡單製作×時尚美型
保暖的百搭手作服

時尚的大衣或披風、可雙面穿著的開襟式大衣，
是衣櫃裡一定要擁有的保暖款式。
隨喜好改變布料或稍作變化，製作專屬自己的外著私服吧！

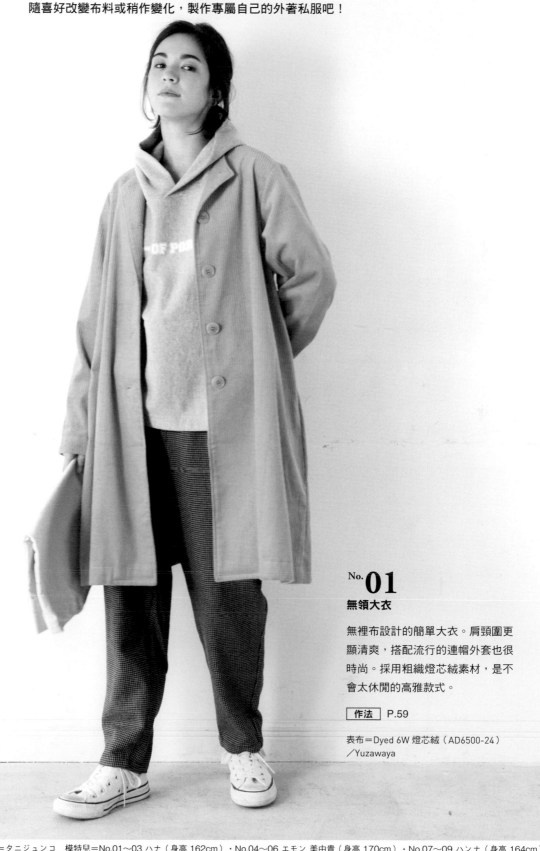

No.01
無領大衣

無裡布設計的簡單大衣。肩頸圍更
顯清爽，搭配流行的連帽外套也很
時尚。採用粗織燈芯絨素材，是不
會太休閒的高雅款式。

作法 P.59

表布＝Dyed 6W 燈芯絨（AD6500-24）
／Yuzawaya

衣／le.coeur blanc（CITY HILL）褲
子／earth music&ecology Natural
Label（earth music&ecology東京
SOLAMACHI）

攝影＝回里純子　造型師＝山田祐子　妝髮＝タニジュンコ　模特兒＝No.01～03 ハナ（身高 162cm）・No.04～06 エモン 美由貴（身高 170cm）・No.07～09 ハンナ（身高 164cm）

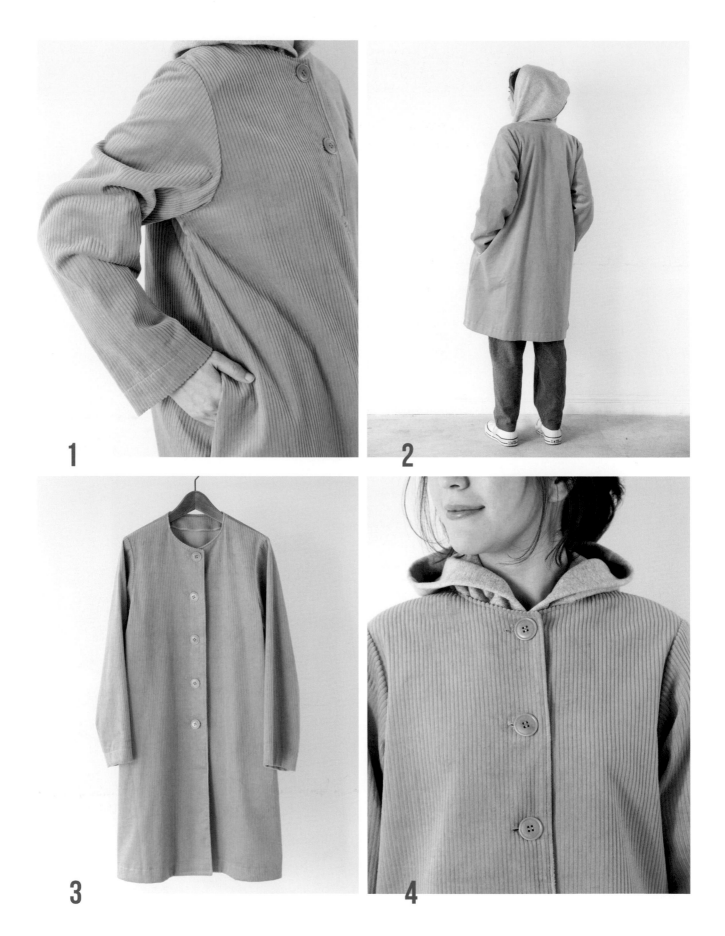

1. 身片衍生的口袋。車縫脇邊時同時製作口袋。

2. 背面中心無接縫目，簡單清爽的設計。

3. 除了燈芯絨，選擇羊毛或亞麻布製作，一整年都很百搭。

4. 四孔釦子設計。也可以搭配包釦或造型特殊的釦子。

No.02

雙層釦無領大衣

前片深前襟設計，充滿女人味的雙
層釦大衣。無領款式內搭高領上衣
也很適合。

作法 P.61

表布＝格紋粗花呢布（Gray）
／（株）MC SQUARE

領口前的牛角釦，特別又搶眼。

上衣／yecca vecca新宿
裙子／Perle Peche（CITY
HALL）靴子／A de Vivre

No.03
立領大衣

No.01搭配領子，衣櫥裡都一定要有一件的立領大衣。簡單素雅非常百搭！

| 作法 | P.59 |

表布＝墨爾登尼布（7626-1・米色）
／Yuzawaya

厚質柔軟的墨爾登尼布。適度的硬挺感，展現優質的高雅氣息。

表布＝壓縮羊毛天竺布（73648-5）
／布地のお店Solpano

No.**04**

披風

套在身上既便利又溫暖的披風。無領設計搭配高領或襯衫款式都很合適。

作法 P.62

褲子／yecca vecca新宿
鞋子／RANDA
眼鏡／kaorinomori Harajuku

1

2

3

4

1.壓縮羊毛天竺布布目緊實，用來製作外套非常合適。恰到好處的垂墜感穿起來更加有型。

3.側邊口袋設計很方便。

2.V字形下襬減輕大衣原有的厚重感，看起來更輕巧了！

4.口袋內側。身片內側車縫固定左右口袋。

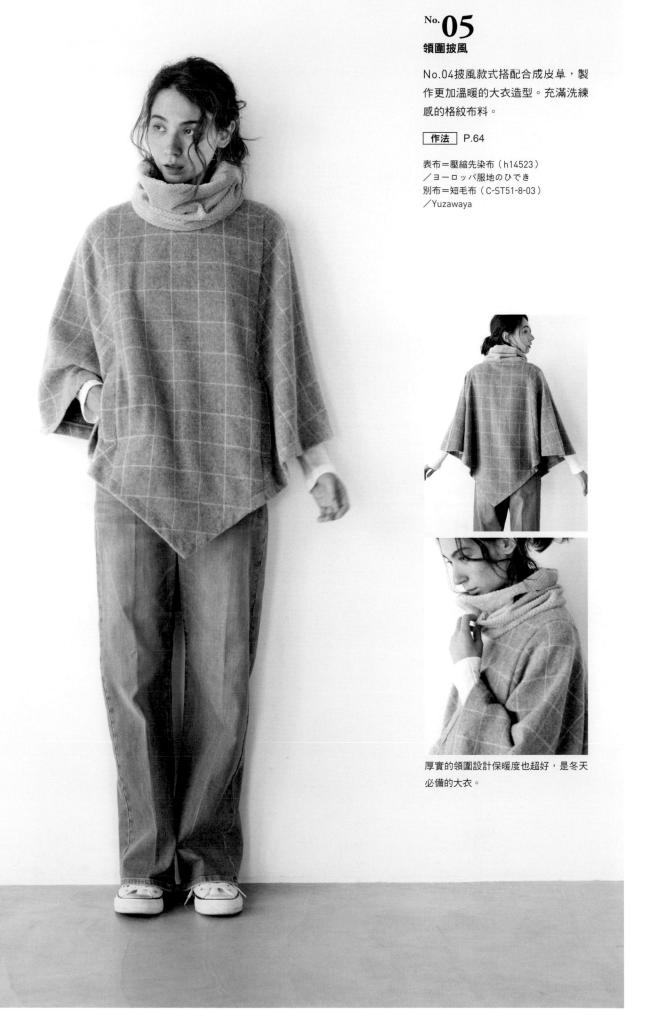

作法 P.64

No.05
領圍披風

No.04披風款式搭配合成皮革，製作更加溫暖的大衣造型。充滿洗練感的格紋布料。

作法 P.64

表布＝壓縮先染布（h14523）
／ヨーロッパ服地のひでき
別布＝短毛布（C-ST51-8-03）
／Yuzawaya

厚實的領圍設計保暖度也超好，是冬天必備的大衣。

上衣、褲子／le.coeur blanc
（CITY HILL）

No.06
重疊領披風

千鳥格紋布給人典雅的印象。No.04 披風款式搭配和風領。以正式的立領展現成熟時尚的經典款式。

| 作法 | P.65

表布＝千鳥格紋布
／（株）MC SQUARE

背面也是重疊和風領設計。側面看起來也很時髦。

上衣／yecca vecca新宿
裙子／SEVENDAYS＝
SUNDAY MARK IS みなと
みらい 帽子／kaorinomori
Harajuku 包包／RANDA 靴
子／A de Vivre

No. 07
開襟大衣

雙面設計的繭型開襟大衣。領子為尖褶設計，整體採寬鬆造型，搭配了貼式口袋，是穿搭造型非常百搭的一款。

作法　P.14

表布＝植毛布／ヨーロッパ服地のひでき
（h14519）
裡布＝羊毛布／編輯部私服

簡雅素布與時尚圓點圖案組合的雙面大衣，展現女人味的圓弧造型非常可愛！

上衣／yecca vecca新宿　裙子／le.coeur blanc（CITY HILL）鞋子／RANDA

No.08
開襟大衣

同No.07的開襟式大衣。高雅款式
搭配丹寧也不用擔心太過休閒。

作法 P.14・P.19

表布＝格紋緹花羊毛布
／（株）MC SQUARE
裡布＝壓縮羊毛天竺布（73648-9・米色）
／布地のお店Solpano

No.07款式利用腰部剪接設計製作口袋。給人整體的洗練印象。

上衣、褲子／le.coeur blanc
（CITY HILL）帽子／
kaorinomori　Harajuku靴子
／A de Vivre

13

裁剪結束後

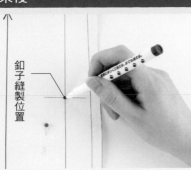

1. 以錐子在紙型釦子縫製位置處開孔，並以消失筆作上記號（口袋縫製位置也以相同方法作上記號）。拿開紙型另一片表側也同樣附上記號。

2. 袖襱或袖山、領部分的肩線等位置，在縫份0.5cm處剪牙口作上合印記號。
※注意牙口不要剪太深。

後片（正面）

3. 拿開紙型，後中心位置剪牙口。（下襬側也須剪牙口）

1.製作口袋、接縫

口袋（正面）　　口袋（正面）

1. 口袋縫份進行Z字形車縫。（上端除外）

※為了便於解說辨識，選用了顏色明顯的縫線&布料。

★**開始製作紙型之前請參考P.57**

裁布圖

※（　）中的數字為縫份。
除了指定處之外，縫份皆為1cm

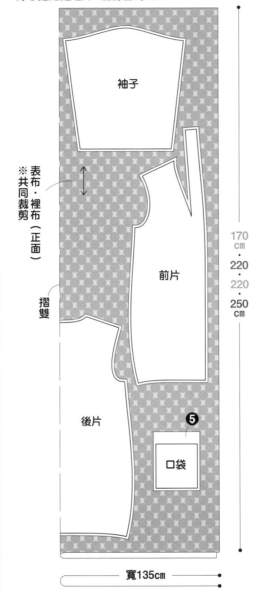

袖子

※表布・裡布共同裁剪（正面）

摺雙

前片

後片

❺

口袋

170cm・220・220・250cm

寬135cm

No.**07**

P.12　No.**07**　開襟大衣

材料

	S	M	L	LL
表布寬150cm（羊毛粗毛呢布）	170cm	220cm	220cm	250cm
裡布寬135cm（羊毛壓縮天竺）	170cm	220cm	220cm	250cm
釦子寬4cm	2個			

完成尺寸

	S	M	L	LL
胸圍	100cm	106cm	111cm	116cm
身長	85cm	88cm	90cm	93cm

原寸紙型　**A面**

關於紙型

※口袋未附紙型請依製圖說明製作。
※■…S　■…M　■…L　■…LL尺寸。

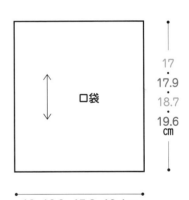

口袋

17
17.9
18.7
19.6
cm

16・16.8・17.6・18.4cm

製作順序

3.車縫領部分
2.車縫肩線
6.領圍ㄇ字縫
4.接縫袖子
5.接縫表裡布
1.製作口袋、接縫
8.裝上釦子
7.車縫下襬

裡布提供＝先染化纖布／Rayon雙色2WAY（46088-2-19）彈性布／布地のお店Solpano

14

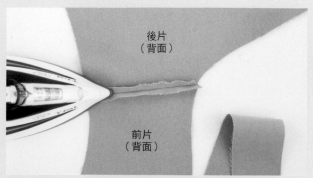

2. 燙開縫份。

3.車縫領部分

1. 沿後中心線正面相對摺疊，前片與左右正面相對，對齊領後中心線進行車縫。

2. 燙開縫份。

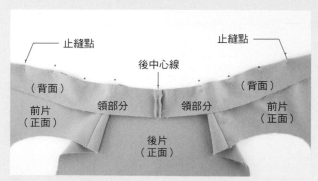

3. 後中心線和領部分後中心線正面相對疊合。領部分與身片正面相對疊合，以珠針固定至前止縫點為止。

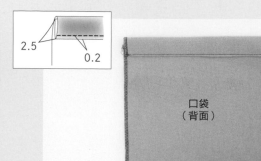

2. 上端縫份2.5cm進行三摺邊車縫。

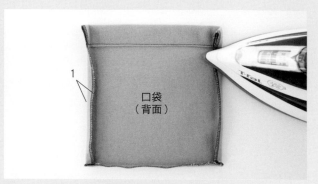

3. 周圍縫份熨燙摺疊。

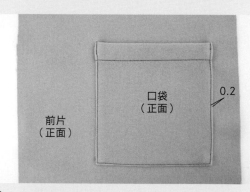

4. 對齊口袋縫製位置，周圍車縫。另一片依相同方法車縫。

2.車縫肩線

1. 前後片正面相對疊合車縫肩線。
※正面相對疊合…布的正面與正面相對重疊。

3. 表布裁剪的部分，也以相同方法進行車縫。

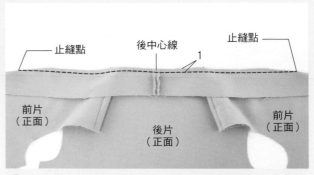

止縫點　　後中心線　　止縫點
1
前片
（正面）　　後片（正面）　　前片（正面）

4. 車縫至止縫點。

5.接縫表裡片

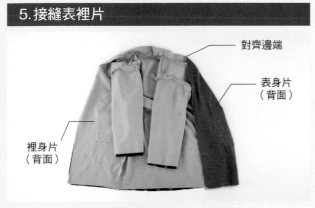

對齊邊端
表身片
（背面）
裡身片
（背面）

1. 表身片與裡身片正面相對疊合，以珠針固定。

4.接縫袖子

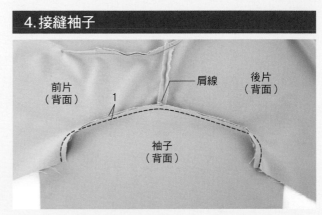

前片
（背面）　　肩線　　後片（背面）
1
袖子
（背面）

1. 身片袖襱線與袖山線正面相對疊合進行車縫。

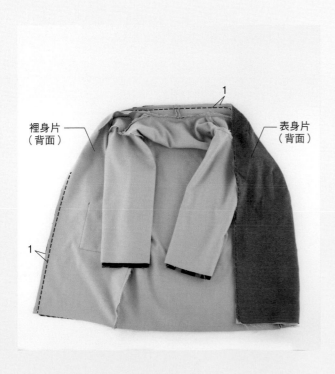

裡身片
（背面）
1
表身片
（背面）
1

2. 邊端進行車縫（避開下襬線）

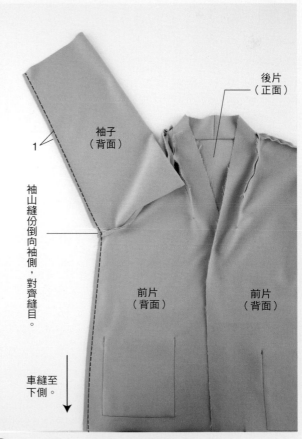

後片
（正面）
袖子
（背面）
1

袖山縫份倒向袖側，對齊縫目。

前片
（背面）　　前片（背面）

車縫至下側。

2. 袖下線與前、後脇線正面相對疊合進行車縫。另一側也以相同方法進行車縫。裡身片完成。

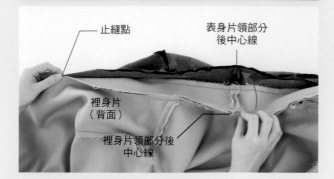

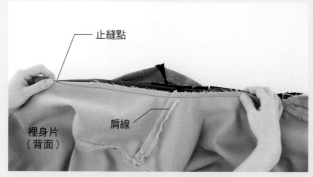

1. 左手拿起領部分止縫點位置、右手拿著領部分後中心位置，對齊表身片與裡身片領部分縫份。

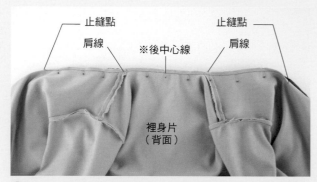

2. 另一側也對齊至止縫點，以珠針固定。

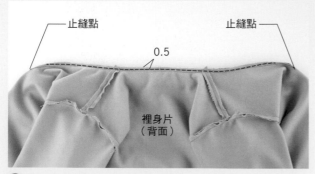

3. 比起完成線稍外側縫份側車縫。（車縫至止縫點前側）

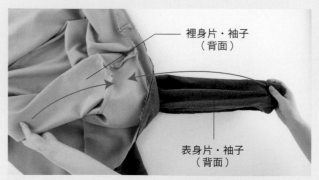

3. 拿起表身片的袖子與裡身片，各自對齊袖口。

4. 表身片袖口與裡身片袖口正面相對疊合，以珠針固定。對齊袖口中心合印記號和袖下線縫目。

從正上方俯瞰，表與裡袖要整齊平放。

5. 袖口車縫一圈。

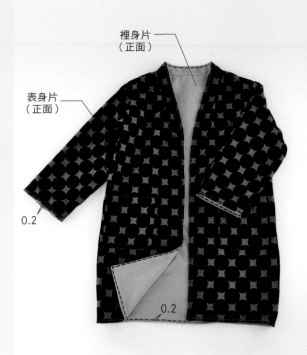

表身片
（正面）

裡身片
（正面）

0.2

0.2

5. 車縫一圈，邊端進行車縫。袖口也完成車縫。

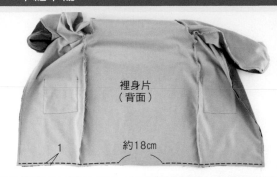

裡身片
（背面）

1

約18cm

1. 表身片與裡身片下襬線正面相對疊合，預留返口進行車縫。

裡身片
（背面）

2. 從返口翻至正面。

8.裝上釦子

前中心線

釦子位置

0.3

釦眼
＝釦子寬度
＋
釦子厚度

1. 製作釦眼，以拆線器開孔。避免超過，邊端各以珠針固定。
（雙面穿款式，請選擇右前或是左前開釦眼）。

裡身片
（正面）

表身片
（正面）

3. 熨燙整理。

表

裡

2. 釦子縫製位置裝上釦子。（表裡面均須裝上）

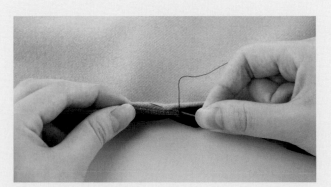

4. 返口進行藏針縫。

18

P.13　No.08 開襟大衣

※No.08參考No.07紙型如圖示改變。
※■…S ■…M ■…L ■…LL尺寸。

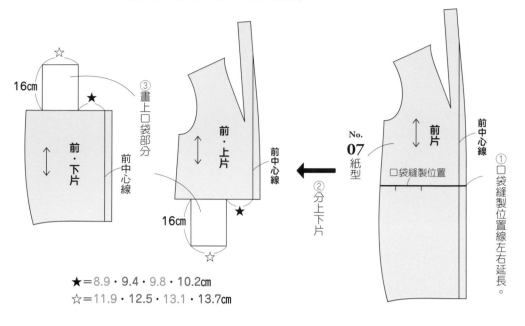

★＝8.9・9.4・9.8・10.2cm
☆＝11.9・12.5・13.1・13.7cm

材料

	S	M	L	LL
表布寬150cm（羊毛粗毛呢布）	180cm	190cm	200cm	200cm
裡布寬135cm（羊毛壓縮天竺）	180cm	190cm	200cm	200cm
釦子寬4cm		2個		

※※若使用柔軟、較有彈性的布料，
　請準備黏著襯20cm寬10cm。

完成尺寸

	S	M	L	LL
胸圍	100cm	106cm	111cm	116cm
身長	85cm	88cm	90cm	93cm

原寸紙型 A面

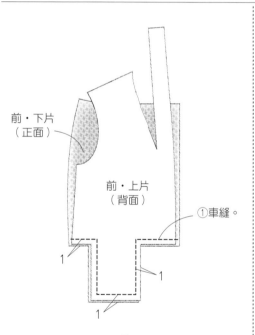

前・下片（正面）

前・上片（背面）

①車縫。

1　1　1

↓

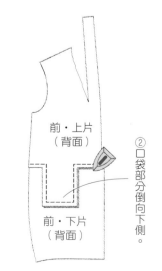

※另一片也以相同方法車縫。

前・上片（背面）

②口袋部分倒向下側。

前・下片（背面）

製作順序

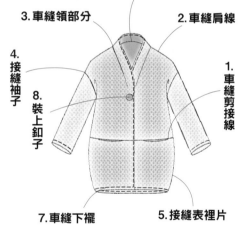

6.領部分ㄇ字縫
3.車縫領部分
2.車縫肩線
4.接縫袖子
8.裝上釦子
1.車縫剪接線
7.車縫下襬
5.接縫表裡片

※1.其餘部件製作方法參考P.14～P.18製作。

1.車縫剪接線

- - - 柔軟、較有彈性布料時 - - -

①口袋口貼上直布紋黏著襯
（參考P.58針織布縫製方法）

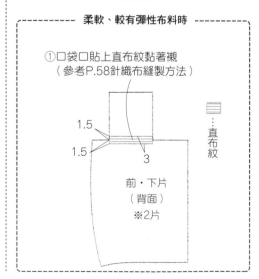

1.5
1.5
3

▤…直布紋

前・下片（背面）
※2片

裁布圖

※縫份皆為1cm。

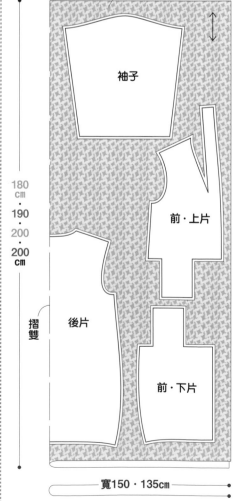

表布・裡布（正面）
※共同裁剪

袖子

前・上片

180cm・190cm・200cm・200cm

摺雙　後片

前・下片

寬150・135cm

坂内鏡子、伊藤みちよ、かたやまゆうこ、
Sewing Pattern Studio人氣設計師的溫暖提案。
簡單縫製卻充滿時尚感的單品。

現在就想穿的冬服

坂内鏡子の冬衣提案
今年冬天想穿的服裝

No.09

2WAY連身裙

前後不同的領圍設計連身裙,前片
的船型領搭配襯衫或罩衫都很有
型。

作法 P.66

表布＝羊毛壓縮天竺布（73648-11・ダー
クネイビー）／布地のお店Solpano

小小口袋是重點。

上衣／SEVENDAYS
=SUNDAY｜MARK
IS みなとみらい 鞋子
／A de Vivre

V領作為正面時有修飾臉型的效果,更
顯清爽,搭配圓領上衣也很合適。

上衣／le.coeur blanc（CITY HILL）
帽子／override明治通店 鞋子／A de Vivre

攝影＝回里純子 造型師＝山田祐子 妝髮＝タニジュンコ 模特兒＝No.09～10 ハナ（身高 162cm）・No.04～06 エモン 美由貴（身高 170cm）・No.11・12・16～19 ハンナ（身高 164cm）

上衣／SEVENDAYS＝SUNDAY
｜MARK IS みなとみらい　褲子／
yecca vecca新宿

褲子／SEVENDAYS＝SUNDAY
｜MARK IS みなとみらい

坂内鏡子　　　　　　　／ Profile ／

服裝設計師、打版師。東京出身。任職服裝企劃室長後獨
立。特別引人注意的設計巧思、美麗版型，擁有廣大的粉
絲支持。不定期舉辦的縫紉教室，其輕鬆的製作技巧大受
好評。

http://www.summieworks.com

No. 10
2WAY背心

No.09同款型背心版。前V領背心搭配圓領上衣
（上側圖），船型領背心搭配衫（上側圖），是
百搭的單品。

作法　P.66

表布＝雙色針織布（46628-1・ホワイト）／布地のお店
Solpano

Sewing Pattern Studioの冬衣提案
今年冬天想穿的服裝

No. 11
粗花呢連身裙

拆除口袋口縫目，時尚流蘇口袋口設
計的連身裙。稍厚質感及帶點光澤感
的布料，可讓人留下深刻印象。

作法 P.73

表布＝羊毛銀蔥粗毛呢布（76204-5）
／布地のお店Solpano

No. **12**
粗花呢上衣

同No.11款式上衣。下襬及口袋，拆除口袋口縫目，立即變身時尚流蘇口袋。可遮蓋臀部的設計，給人安心感。

| 作法 | P.73 |

表布 粗花呢布（White）
／（株）MC SQUARE

No.13
彈性上衣

袖口採用寬幅羅紋布的款式。稍寬的領圍設計凸顯女性纖細頸圍，不會太顯休閒感。

作法 P.68

表布＝J&B厚質棉布（NTM-2296）
別布＝棉羅紋布（NTM-2298）
／jack & bean

裙子／yecca vecca新宿　帽子／override明治通店　包包／SEVENDAYS＝SUNDAY｜MARK IS みなとみらい

No. **14**

連帽上衣

No.13添加連帽款。不論是褲子或是裙子都很百搭，是最近流行的服裝款式。使用厚質棉布觸感非常舒服。

作法 P.70

表布＝J&B厚質棉布 墨綠色#72
（NTM-1559）
別布＝棉羅紋布 墨綠色（NTM-1968）
／jack & bean

褲子／yecca vecca新宿

裙子／studio CLIP

伊藤みちよ　**/ Profile /**

秉持著設計簡單、百搭又不易退流行的服裝。不論什麼年紀都可以穿出自我風格的人氣設計師。出版多本縫紉書。近期著有《May Me風格的每日大人服》（日本VOGUE社出版）。
http://www.mayme-style.com

No. **15**

高領彈性上衣

以No.13款式搭配直線製圖的高領，製作高領上衣。款式雖然簡單，以寬幅的下襬及袖口設計，大展時尚感。

作法 P.72

表布＝裡毛條紋布（KSK42033-104・米色）
／mocamocha

No. 16
捲領上衣

褶襉連袖設計搭配優雅的捲領造型
上衣。粗目燈芯絨選擇白色,給人
高雅感,是簡單穿搭就十分時尚的
款式。

作法 P.29

表布＝8W燈芯絨（13456-8）
／布地のお店Solpano

かたやまゆうこ
今年冬天想穿的服裝

稍露頸肩的高雅捲領,更顯女性華麗魅
力。

背面大大的後領設計展現女人味。身片
延伸的連袖設計十分別緻。

WHITNEY MUSEUM OF AMERICAN ART

Richard Diebenkorn, Ocean Park #115, 1980   Oil on canvas, 100 x 81 inches

褲子／yecca vecca新宿
包包／RANDA鞋子／
SEVENDAYS＝SUNDAY
｜MARK IS みなとみらい

26

No. 17
連袖上衣

少了No.16的捲領，改採用讓肩頸
看起來簡潔的無領設計。搭配搶眼
格紋印花布，高品質的Grosgrain
素材讓整體設計更加有深度。

作法 P.29・P.35

表布＝Grosgrain／ヨーロッパ服地のひ
でき

かたやまゆうこ　／ Profile ／

縫製專家。文化服裝學院畢業後，任職於出
版社的服裝雜誌編輯。現在為池袋Sewing
Studio負責人。從初學者到高級班均有開課
的裁縫教室很有人氣。著有《縫製大衣》一
書，由主婦與生活社發行，大受好評。
https://ameblo.jp/katagami-sewing/

褲子／SEVENDAYS＝SUNDAY
MARK IS みなとみらい　耳環
AMERICAN HOLIC PRESS
ROOM 鞋子／RANDA

No. 18

V領上衣

清爽的V領設計凸顯女性化的魅力。將
No.17領圍更改為V領款式，爽朗藍色搭
配長毛布整體更顯輕盈。

作法 P.29・P.35

表布＝長毛布（h14510）
／ヨーロッパ服地のひでき

褲子／SEVENDAYS＝SUNDAY
｜MARK IS みなとみらい　帽子
／override明治通店

背面單釦設計簡單大方。

褲 子／SEVENDAYS ＝
SUNDAY｜MARK IS みな
とみらい　鞋子／le.coeur
blanc（CITY HILL）項練／
AMERICAN HOLIC PRESS
ROOM

No. 19

V領連身裙

同No.18款式的長版連身裙。單穿很好
看，搭配丹寧褲或是緊身褲都很適合。依
據選擇的布料給人的印象也會大大改變，
是非常百搭的一款設計。

作法 P.29・P.34

表布＝先染化纖布／Rayon雙色2WAY彈性布
（46088-2-19）／布地のお店Solpano

背面剪裁也很素雅耐看。

在原寸紙型上放置薄紙（牛皮紙等），複寫紙型上的線條。

・以摩擦筆擦一下墨水就會消失的筆具描線，即使描錯也可重描。

・曲線部分可將筆抵住尺，慢慢地滑動描繪。

紙型加上縫份&裁布的方法

縫份

以方眼尺量好縫份寬度，描繪縫份線。

※除了指定處（●內的數字）之外，縫份皆為1cm。
※於 ─ 合印處剪切口。
※於 ░░░ 背面燙貼接著襯（參考P.58）。

No. 16

P.26　No.16　捲領上衣

材料

	S	M	L	LL
表布寬146cm（棉質燈芯絨）	130cm	140cm	150cm	160cm
接著襯寬90cm		50cm		
釦子寬1.8cm		1個		

完成尺寸

	S	M	L	LL
胸圍	92cm	96cm	101cm	105cm
總長	57cm	58.5cm	60cm	61.5cm

原寸紙型 C面

製作順序

1.製作貼邊
7.將貼邊接縫於衣身
6.將領子暫時固定於衣身
5.製作領子
3.製作袖子
前片
11.接縫袖子
2.車縫衣身的脇邊線

8.開釦眼
12.縫上釦子
4.將袖子接縫於衣身
10.手縫固定貼邊
後片
9.車縫衣身的後中心線

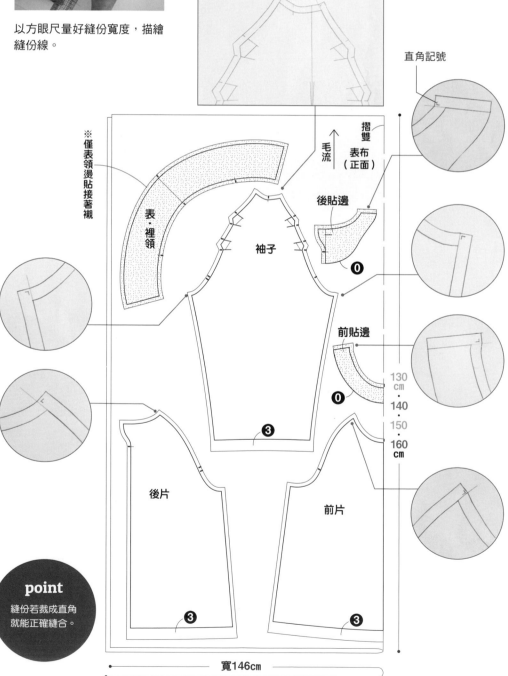

直角記號

摺雙
表布（正面）
毛流

後貼邊

※僅表領燙貼接著襯

表・裡領

袖子

前貼邊

0

0

③

③

③

③

表・裡領

後片

前片

130cm・140・150・160cm

寬146cm

point
縫份若裁成直角就能正確縫合。

point
・燈芯絨是逆毛裁剪，也就是毛流向上撫時呈光滑的那一面裁剪。
・領子包夾於衣身與貼邊之間接縫。

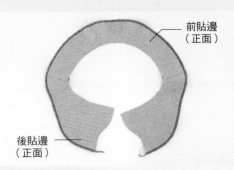

前貼邊（正面）

後貼邊（正面）

3. 於貼邊外圍進行拷克。

進行拷克

開口止點

後片（正面）　前片（正面）

（正面）

1. 衣身脇邊線與後中心線各自進行拷克（或Z字形車縫）。拷克時將布的正面朝上。

裁布

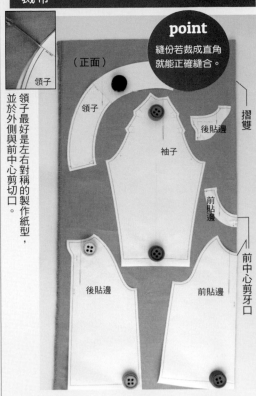

（正面）

領子

領子

袖子

後貼邊

前貼邊

後貼邊　前貼邊

摺雙

前中心剪牙口

point
縫份若裁成直角就能正確縫合。

領子最好是左右對稱的製作紙型，並於外側與前中心剪切口。

參考裁布圖摺布，布上排放紙型。各部件裁好後於合印處剪切口。貼邊與前衣身的前中心也記得要剪切口。

布料提供＝聚酯纖維嫘縈混色紗2WAY彈性雙面桃皮絨（46088-1-5）／布地のお店solpano

---

2. 車縫衣身脇邊線

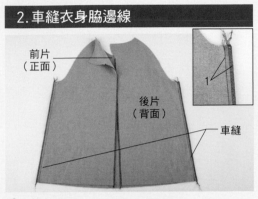

前片（正面）

1

後片（背面）

車縫

1. 前衣身與後衣身正面相對疊合，車縫脇邊線。

袖子（正面）

2. 袖子的袖下線與袖口進行拷克。

燙貼接著襯

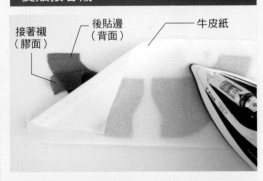

接著襯（膠面）

後貼邊（背面）

牛皮紙

將接著襯置於貼邊的背面，夾入牛皮紙之類的薄紙內，再以熨斗燙貼，這樣熨斗就不會沾到膠。

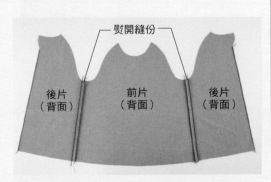

熨開縫份

後片（背面）　前片（背面）　後片（背面）

2. 熨開縫份。

1. 製作貼邊

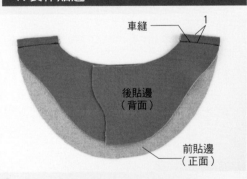

車縫　1

後貼邊（背面）

前貼邊（正面）

1. 前後片正面相對疊合肩線進行車縫。
※正面相對疊合…布的正面與正面相對重疊。

調整縫紉機

point
有了縫份導引器，不必在布上作記號就能筆直地車縫。

測量車針到縫份的距離，裝上導引器。縫份導引器或紙膠帶都是好用的工具。

縫份導引器／CLOVER（株）

point
在布還是平面時，先以熨斗燙壓摺痕，之後會更易摺疊。

後片（背面）　前片（正面）

3

3. 下襬縫份摺疊3cm。以「熨斗用定規尺」操作更容易。

熨斗用定規尺／CLOVER（株）

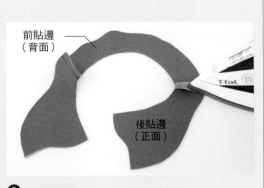

前貼邊（背面）

後貼邊（正面）

2. 熨開縫份。

4.將袖子接縫於衣身

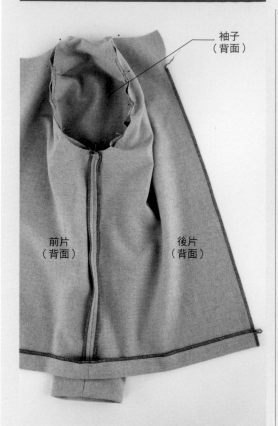

1. 袖子與衣身正面相對疊合,以珠針固定袖襱。

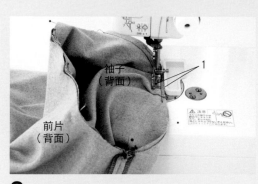

2. 車縫袖襱。

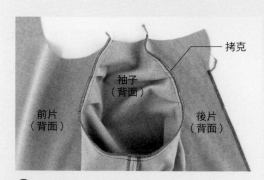

3. 袖襱縫份兩片一起進行拷克。

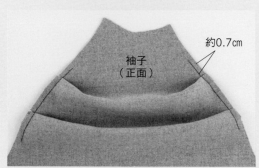

5. 比照步驟 **3**、**4** 的作法摺疊C・D與後袖側的褶襉,以珠針固定。

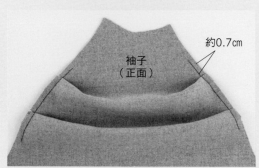

6. 車縫縫份,暫時固定褶襉。

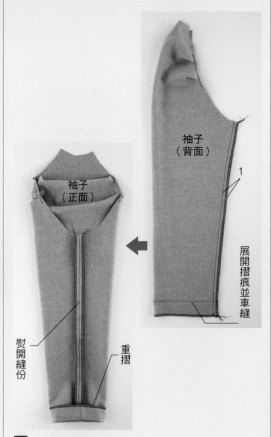

7. 車縫袖下線並熨開縫份。沿著摺痕整齊摺疊袖口縫份。

3.製作袖子

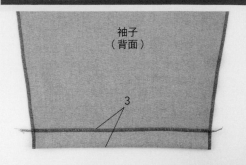

1. 袖口縫份摺疊3㎝。

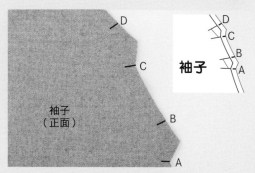

2. 邊端車縫(避開下襬線)。

point
若切口的角度正確,就能照著紙型摺疊褶襉。

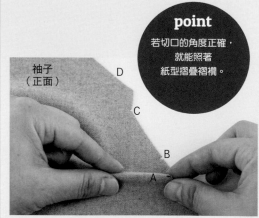

3. 將 A 的切口摺山摺。沿著切口的延長線摺疊。

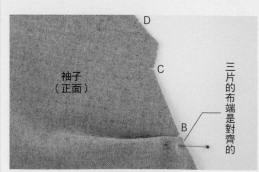

4. 將山摺對齊B切口,以珠針固定。只要正確摺疊,褶襉部分的布端就會對齊。

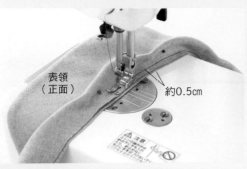

9. 珠針不拔掉，表領與裡領兩片重疊，車縫縫份暫時固定（端部錯開的狀態下車縫）。

5. 以錐子整理邊角。

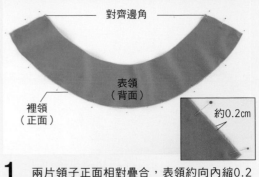

對齊邊角

表領
（背面）

裡領
（正面）

約0.2cm

1. 兩片領子正面相對疊合，表領約向內縮0.2cm以珠針固定。

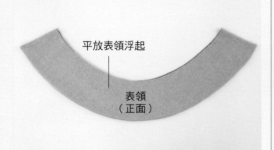

平放表領浮起

表領
（正面）

10. 表領浮起部分是領子反摺時必要的分量，若太少，反摺後會露出裡領。

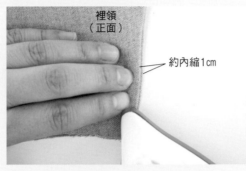

裡領
（正面）

約內縮1cm

6. 從裡領側整燙，將裡領內縮約0.1cm。

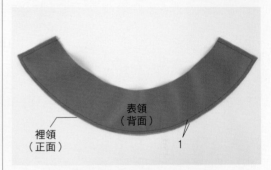

表領
（背面）

裡領
（正面）

1

2. 車縫裡領布端向內1cm的位置。
※表領有鬆份，車縫時兩片一起輕拉，吸收表領的鬆份。

6.將領子暫時固定於衣身

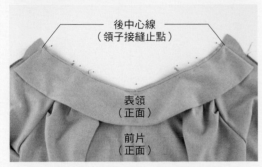

後中心線
（領子接縫止點）

表領
（正面）

前片
（正面）

1. 領子疊至衣身的領口，對齊裡領布端與衣身布端以珠針固定。領口的縫份倒向袖側。※縫份倒向依位置而異。不須以熨斗燙壓縫份，維持自然感。

裡領
（正面）

7. 領子整理好的樣子。

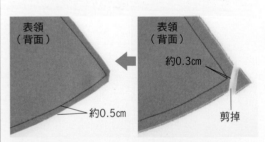

表領
（背面）

表領
（背面）

約0.3cm

約0.5cm

剪掉

3. 剪掉邊角縫份，其餘縫份修剪成0.5cm。

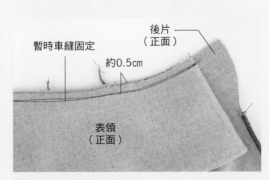

暫時車縫固定

後片
（正面）

約0.5cm

表領
（正面）

2. 車縫縫份暫時固定。

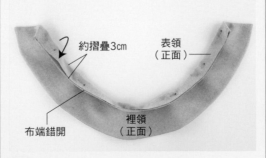

約摺疊3cm

表領
（正面）

布端錯開

裡領
（正面）

8. 領子平放，從領接線側約摺疊3cm，以珠針固定。

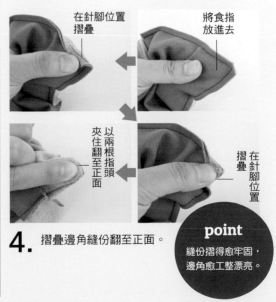

在針腳位置摺疊

將食指放進去

以兩根指頭夾住翻至正面

在針腳位置摺疊

4. 摺疊邊角縫份翻至正面。

point
縫份摺得愈牢固，
邊角愈工整漂亮。

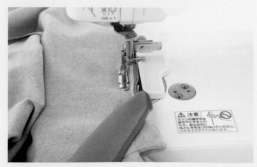

2. 使用單邊拉鍊壓布腳，車縫距布端1cm的位置。

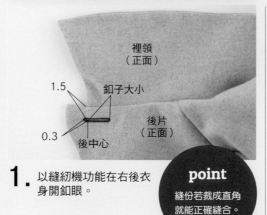

裡領（正面）

1.5

釦子大小

0.3

後中心

後片（正面）

1. 以縫紉機功能在右後衣身開釦眼。

point

縫份若裁成直角就能正確縫合。

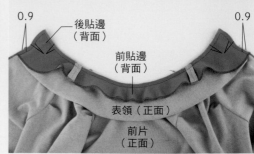

0.9　0.9

後貼邊（背面）

前貼邊（背面）

表領（正面）

前片（正面）

1. 重疊貼邊與表領車縫。後中心線是車縫0.9cm的位置，從彎弧處開始車縫1cm的位置。

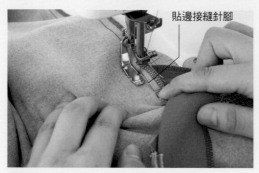

貼邊接縫針腳

3. 在貼邊接縫針腳左側約0.1cm的位置車縫。以回針縫將開口止點縫固定。

後片（正面）

2. 以布用剪刀剪開釦眼。

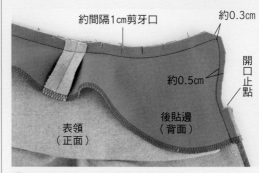

約間隔1cm剪牙口　約0.3cm

開口止點

約0.5cm

表領（正面）

後貼邊（背面）

2. 開口止點之上的縫份修剪成0.5cm，邊角縫份剪掉，領口縫份剪牙口。

後片（背面）

藏針縫

1. 熨開後中心的縫份。以藏針縫將貼邊固定於袖襱的縫份上。

藏針縫

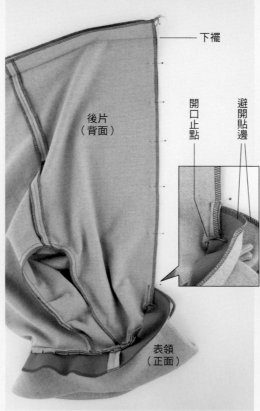

下襬

後片（背面）

開口止點

避開貼邊

表領（正面）

1. 後衣身正面相對疊合，以珠針固定後中心。自下襬朝領口方向車縫。

後貼邊（正面）

表領（正面）

前片（背面）

3. 貼邊翻至正面。

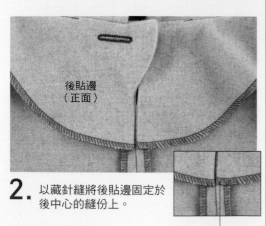

後貼邊（正面）

藏針縫

2. 以藏針縫將後貼邊固定於後中心的縫份上。

藏針縫

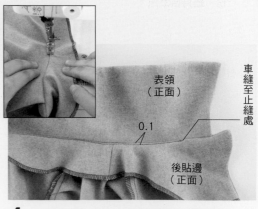

表領（正面）

車縫至止縫處

0.1

後貼邊（正面）

4. 重疊貼邊與領口的縫份車縫。避開衣身，從止縫處車縫至另一止縫處。

裁布圖

※除了指定處（●內的數字）之外，縫份皆為1cm。
※於 ─ 合印處剪切口。
※於 ▨ 背面燙貼接著襯（參考P.58）。

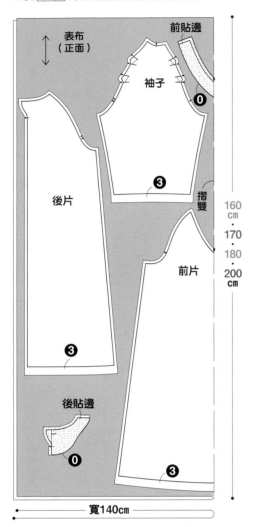

表布（正面）
前貼邊
袖子
後片
前片
摺雙
後貼邊
0
3
3
3
0
3

160・170・180・200 cm

寬140cm

【V領縫法】

除了V字切口外，其餘作法與P.33相同。

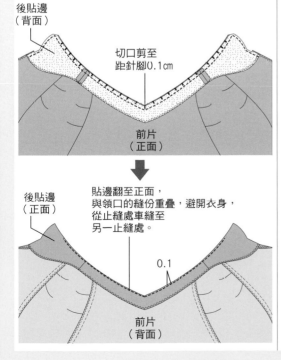

後貼邊（背面）
切口剪至距針腳0.1cm
前片（正面）

貼邊翻至正面，與領口的縫份重疊，避開衣身，從止縫處車縫至另一止縫處。

後貼邊（正面）
0.1
前片（背面）

No. **19**

P.28　No.19 V領連身裙

材料

	S	M	L	LL
表布寬140cm（聚酯纖維雙面彈性布）	160cm	170cm	180cm	200cm
接著襯寬90cm		30cm		
釦子寬1.8cm		1個		

完成尺寸

	S	M	L	LL
胸圍	92cm	96cm	101cm	105cm
總長	96cm	98.5cm	101cm	103.5cm

原寸紙型 C面

製作順序

除了領子之外，其餘作法與P.30～P.34相同。

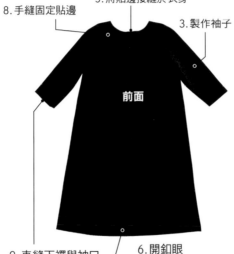

8.手縫固定貼邊
5.將貼邊接縫於衣身
1.製作貼邊
3.製作袖子

前面

9.車縫下襬與袖口
6.開釦眼
4.將袖子接縫於衣身
10.縫上釦子

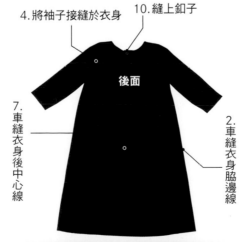

後面

7.車縫衣身後中心線
2.車縫衣身脇邊線

point
・雖是彈性材質，但可以使用一般的60號縫線車縫。

11.車縫下襬與袖口

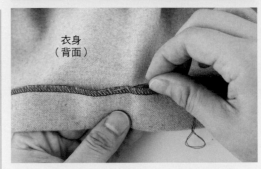

衣身（背面）

1. 以藏針縫縫下襬的縫份。袖口作法相同。

12.縫上釦子

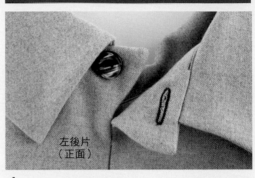

左後片（正面）

1. 於左後片縫上釦子。

完成

前面

後面

34

上半部 (No.17)

裁布圖

※於 [ ] 背面燙貼接著襯（參考P.58）。

※於 ─ 合印處剪切口。

※除了指定處（●內的數字）之外，縫份皆為1㎝。

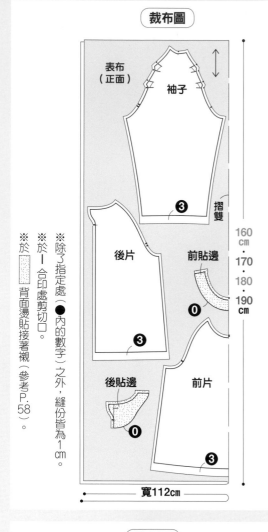

表布（正面）

袖子

摺雙

❸

後片　前貼邊

❸　❶

後貼邊　前片

❶

❸

160・170・180・190㎝

寬112㎝

製作順序

除了領子之外，其餘作法與P.30～P.34相同。

1. 製作貼邊
5. 將貼邊接縫於衣身
3. 製作袖子

8. 手縫固定貼邊

前面

9. 車縫下襬與袖口

4. 將袖子接縫於衣身

6. 開釦眼
10. 縫上釦子

後面

2. 縫上釦子

7. 將袖子接縫於衣身

No.17

P.27　No.17 連袖上衣

材料

	S	M	L	LL
表布寬112cm（粗紡羅緞）	160cm	170cm	180cm	190cm
接著襯寬90cm		30cm		
釦子寬1.5cm		1個		

完成尺寸

	S	M	L	LL
胸圍	92cm	96cm	101cm	105cm
總長	57cm	58.5cm	60cm	61.5cm

原寸紙型 C面

下半部 (No.18)

裁布圖

※除了指定處（●內的數字）之外，縫份皆為1㎝。

※於 ─ 合印處剪切口。

※於 [ ] 背面燙貼接著襯（參考P.58）。

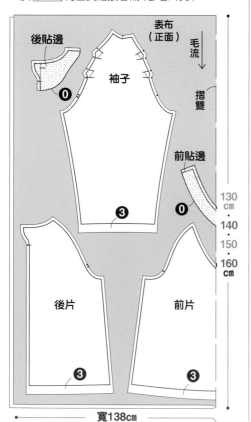

後貼邊

表布（正面）

毛流

袖子

摺雙

前貼邊

❶

❸　❶

後片　前片

❸　❸

130・140・150・160㎝

寬138㎝

製作順序

除了領子之外，其餘作法與P.30～P.34相同。
V領作法參考P.34。

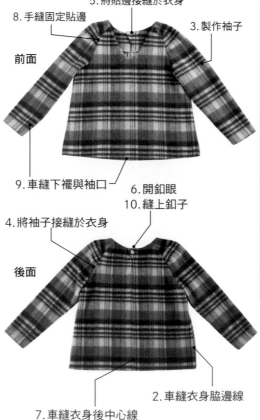

1. 製作貼邊
5. 將貼邊接縫於衣身
3. 製作袖子

8. 手縫固定貼邊

前面

9. 車縫下襬與袖口

4. 將袖子接縫於衣身

6. 開釦眼
10. 縫上釦子

後面

7. 車縫衣身後中心線

2. 車縫衣身脇邊線

No.18

P.28　No.18 V領上衣

材料

	S	M	L	LL
表布寬138cm（格紋羊毛shaggy）	130cm	140cm	150cm	160cm
接著襯寬90cm		30cm		
釦子寬1.5cm		1個		

完成尺寸

	S	M	L	LL
胸圍	92cm	96cm	101cm	105cm
總長	57cm	58.5cm	60cm	61.5cm

原寸紙型 C面

point
· shaggy布是由毛向下撫時呈光滑的方向裁剪。

以冬天專屬的溫暖布料縫製樣式簡約的日常穿搭服，羊毛、針織、燈芯絨──挑選喜歡的素材開始動手作吧！

衣櫃裡的必備單品

No. 20

法國袖長版上衣

Shaggy質地與混色格紋的保暖連身裙。法國袖有著寬鬆的神襬，方便層次穿搭。

作法 P.76

表布 Loop Shaggy格紋（海軍藍）／（株）MC Square

material for winter

shaggy

源自英文的shaggy，原指毛多而蓬鬆或毛茸茸之意，顧名思義，織物Shaggy就是長毛的起絨布。富光澤感，應用於手作服更顯質感。

攝影＝回里純了　造型師＝山田祐子　妝髮＝タニジュンコ　模特兒＝エモン 美由貴（身高170cm）

上衣／YECCA VECCA新宿
褲子／SEVENDAYS SUNDAY
MARK IS minatomirai
鞋／le.coeur blanc（CITY HILL）

連身洋裝／earth music&ecology
Natural Label（earth music&ecology
東京SOLAMACHI） 帽子／override
明治通店

No.21
包袖上衣

No.20的縮短版。看似毛線編織的針織布
料，是實用的疊穿單品。領口收邊方式請依
使用的素材而定。

作法 P.76

表布＝繩編針織布／（株）MC Square

No.22
連袖長版上衣

蝙蝠袖剪接長版上衣。雖然是寬鬆
的剪裁，但因為毛圈紗的質感而營
造出特別的優雅氣質。

作法　P.78

表布＝格紋Wool Bright Boucle（76245-
11）／布地のお店 solpano

material for winter

毛圈紗（boucle）

Boucle在法語中有「圈圈」的意思，在
毛圈紗（或譯珍珠呢）的表面即可見看到
蓬起的線圈。特色是質輕保暖，適合冬季
使用。常用於開襟外套、套頭上衣及脖圍
等小物。

上衣／SEVENDAYS SUNDAY
MARK IS minatomirai　褲子&鞋
／le.coeur blanc（CITYHILL）
髮帶／kaorinomori原宿

No.23
連袖長版上衣

款式與No.22相同，改成鮮明的格紋布縫製。寬鬆的衣身，讓穿搭看起來時尚又自然不做作。

作法 P.78

表布＝格紋小緹花布（h14521）／Europe服地の hideki

material for winter

小緹花（dobby）

具有條紋、格紋及點點等規則圖案。不同於印花布的質地，散發出高級感，別具魅力。

V領連身裙

只須搭配一件衣服即完成造型的背心裙，是秋冬的必備單品，洗練的V領是設計重點。

作法 P.80

表布＝Dyed 6W燈芯絨（AD6500-109）／Yuzawaya

Side Style

兩側裝上大口袋，不會顯得太甜美。

material for winter

燈芯絨（corduroy）

有著縱向坑條的棉織物。厚實耐摩擦，用於外套、下身類與足袋（二趾鞋襪）等。由於順毛與逆毛看起來顏色不同，此款式的所有部件都是逆毛裁剪。

上衣／SEVENDAYS SUNDAY MARK IS minatomirai 帽子／kaorinomori原宿 鞋／A de Vivre

背面也是V領。

No. **25**
V領連身裙

與No.24同款式不同素材的背心
裙。人字紋布流露休閒氛圍，搭配
襯衫或高領針織衫都很好看。

作法 P.80

表布 Nep Herringbone（h14520）／
Europe服地のhideki

**material
for
winter**

人字紋布（herringbone）
浮現似鯡魚骨圖案的斜織布。日本又稱
為「衫綾織紋」（中文稱人字紋）。常
見於男士西服，用於女用外套或下身類
會顯得男性化。

上衣與靴子／SEVENDAYS
SUNDAY MARK IS minatomirai
帽子／override明治通店

脇邊線口袋。

作自己的設計師
潮流冬日必備單品

若非設計精巧，只是日常穿搭用的裙子或褲子，
與其買現成的不如自己作。
以喜歡的布親手縫製的衣服，總是多一份眷戀。

攝影＝回里純子　造型師＝山田祐子　妝髮＝タニジュンコ
模特兒＝No.28・29 エモン美由貴（身高 170cm）・No.26・27・30～33 ハンナ（身高 164cm）

No. **26**
寬版褲

下襬微向外擴展的剪裁。鬆緊帶腰頭，
方便活動又容易穿脫，是值得信任的定
番穿搭組合之一。

作法　P.81

表布＝先染法蘭絨彈性威爾斯格紋（76344-1）
／布地のお店solpano

上衣／le.coeur blanc（CITYHILL）
帽子／override明治通店　眼鏡／
kaorinomori原宿　鞋／A de Vivre

鬆緊帶腰頭
舒適好穿。

No. 27
寬版褲

與No.26同一款式，但改成素色彈性布料。露出
腳踝的稍短長度，增添自然隨興感。可以襪子與
鞋搭配展現足下時尚。

作法　P.81

表布＝先染聚酯纖維／嫘縈混色雙面彈性桃皮絨（46088-
2-17）／布地のお店 solpano

上衣／earth music&ecologyNatural
Label（earth music&ecology東京
ソラマチ）　披在肩上的針織衫／
SEVENDAYS SUNDAY MARK IS
minatomirai　鞋／A de Vivre

No. 28
褶襉褲

以腰部的褶襉增加分量感，令人在意的腰圍則顯得整齊俐落。從休閒到優雅感裝扮皆能運用自如的單品。

| 作法 | P.84

表布＝T/R蘇格蘭起毛（8838-204）／Yuzawaya

前面維持俐落感也是重點之一。

背部造型也簡約乾淨。

上衣／le.coeur blanc（CITY HILL）
帽子／override明治通店　鞋／A de Vivre

44

背部是吸睛的V字開口。

左右兩側都有口袋。

No.29

V領連身褲

No.26・No.27的寬管褲加上衣身,成為散發俐落感的連身褲。腰部剪接設計,展現洗練氣質,穿起來輕鬆舒適。

作法 P.83

表布＝8W燈芯絨(13456-13)／布地のお店solpano

上衣／le.coeur blanc(CITYHILL)
髮帶／kaorinomori原宿 鞋／A de Vivre 包包／le.coeur blanc
(CITYHILL)

No. **30**
褶襉裙

設計重點在腰部的褶襉。腰部是鬆緊帶，以
褶襉減輕腹部周圍的分量，穿出俐落感。

| 作法 | P.86 |

表布＝細紋燈芯絨（13029-2-10）／布地のお店 solpano

腰部的
可愛設計
適合將上半身
紮進去。

寬度一致的褶襉
引人注目。

上衣／YECCA VECCA新宿
帽子／override明治通店
鞋／A de Vivre

No. 31
褶襉裙

以不同布料縫製No.30的同款裙子。搭配襯衫也很對味。因為顯色，只須一件就能讓偏暗的秋冬打扮瞬間變得亮眼。

作法 P.86

表布＝壓縮羊毛／編輯部私服

這款裙子讓人想多作幾件不同的顏色！

上衣／AMERICAN HOLIC
Pressroom　鞋／RANDA

No.32
2WAY細褶裙

兩用裙，有釦子的那一面可以前穿或後穿，創造不同風格。裙長及腳踝，呼應季節感。

作法 P.87

表布＝30/2斜紋2WAY裡起毛（46155-8）／布地のお店 solpano

只要更換布料，一年四季都活躍的裙款。

No.33

2WAY細褶裙

樣式與No.32相同的細紋燈芯
絨裙。有釦子的穿在背面,
打造簡約低調的時尚造型。

| 作法 | P.87

表布＝細紋燈芯絨（13029-2-44）／布地のお店solpano

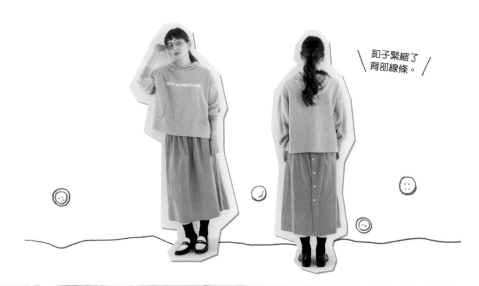

釦子緊縮了
背部線條。

上衣／le.coeur blanc（CITYHILL）
眼鏡／kaorinomori原宿 鞋／A de
Vivre

自己製圖作紙型

提到製圖，感覺好像很困難，其實只要決定好尺寸，
再依照數字畫線，就能完成原寸紙型。
先從簡單的款式著手，挑戰一下製圖作紙型吧！

攝影＝回里純子　造型師＝山田祐子　妝髮＝タニジュンコ　模特兒＝ハナ（身高 162cm）

衣服樣式

No. 34

五分袖上衣（單一尺寸）

原本平面的形狀，一穿上就變得立
體了！適合多層次穿搭，感覺涼意
時也可以披上保暖。挑選喜愛的針
織布製作，是實用的單品喲！

作法 P.88

表布＝羊毛／鎌倉SWANY

上衣／SEVENDAYS SUNDAY
MARK IS minatomirai　褲子 參考
商品／studio CLIP（Adastria）

衣服樣式

No. 36

翻領針織套頭上衣（S·M·L）

縮短No.35長度的同款上衣，寬鬆的
設計適合與襯衫疊穿，與有分量感的
下身類搭配也很好看。

作法 P.90

表布＝羊毛尼龍混紡／鎌倉SWANY

上衣／SEVENDAYS SUNDAY
MARK IS minatomirai　裙子 參考
商品／studio CLIP（Adastria）

上衣／earth music&ecology
Natural Label（earth
music&ecolog東京ソ
ラマチ）　褲子＆鞋／
SEVENDAYS SUNDAY
MARK IS minatomirai

No. 35

翻領針織連身裙（S·M·L）

舒適的穿著感，領口看似船型領的俐
落翻領是造型重點。內搭高領針織衫
或襯衫都很好看。

作法 P.90

表布＝羊毛尼龍混紡／鎌倉SWANY

衣服樣式

衣服樣式

No.37

飛鼠袖開襟外套（單一尺寸）

比起波雷諾小外套，飛鼠袖開襟外
套的衣身較長。洗鍊的菱形線條，
可說是百搭的實用單品。

| 作法 | P.92

表布＝羊毛聚酯纖維／鎌倉SWANY

連身洋裝／YECCA VECCA新宿

衣服樣式

No.38

短版開襟外套（單一尺寸）

披上一件短版開襟外套，時尚度瞬
間升級。與流行的寬褲或裙子亦非
常速配，是活躍於秋冬時節的輕便
外套。

| 作法 | P.93

表布＝羊毛／鎌倉SWANY

上衣／SEVENDAYS SUNDAY
MARK IS minatomirai 褲子／
YECCA VECCA新宿 眼鏡／
kaorinomori原宿

上衣／Editt by YECCA
VECCA（YECCA VECCA新
宿） 褲子／SEVENDAYS
SUNDAY MARK IS
minatomirai 帽子／override
明治通店

No. **39**

羅紋袖波雷諾小外套（S·M·L）

長版羅紋是小外套（bolero）的重點裝
飾。摺起來不占空間，便於在微有涼意
或季節轉換時放進包包裡備用。

作法 P.96

表布＝ウール／鎌倉SWANY

衣服樣式

No. 41

開襟短外套（S・M・L）

粗織的厚實短大衣，秋冬氛圍愈發濃厚。從日常外出到上下班都能派上用場的實用單品。

作法 P.94

表布＝Cotton Wool Nylon／鎌倉SWANY

上衣／AMERICAN HOLIC Pressroom 褲子參考商品／studio CLIP（Adastria） 包包／SEVENDAYS SUNDAY MARK IS minatomirai

上衣／Editt by YECCA VECCA 靴子／YECCA VECCA新宿 裙子／SEVENDAYS SUNDAY MARK IS minatomirai 帽子／override明治通店

No. 40

開襟長版外套（S・M・L）

隨興披上就有型的長大衣。大大的口袋與適度的分量感，打造出優質的率性品味。

作法 P.94

表布＝Jazz Nep Wool／鎌倉SWANY

衣服樣式

作品樣式

No.42
脖圍

華麗地裝飾於頸部周圍，帶有分量感的絨毛素材脖圍。自然扭轉後所呈現出來的立體感為作品重點。

作法 P.85

表布＝聚酯壓克力混紡絨毛布／鎌倉SWANY

外套、上衣／SEVENDAYS=SUNDAY
mARK IS minato mirai

作品樣式

No.43
脖圍

與作品No.42為同款造型，屬於針織素材的脖圍。寒冷日子裡不可欠缺的脖圍，使用時的分量感為其特徵，並且能使秋冬的穿搭更為有型。

作法 P.85

表布＝羊毛壓克力纖維混紡毛呢／鎌倉SWANY

上衣／earth music & ecology
Naturial Label（earth music
& ecology東京ソラマチ）

COTTON FRIEND SEWING
作法指南

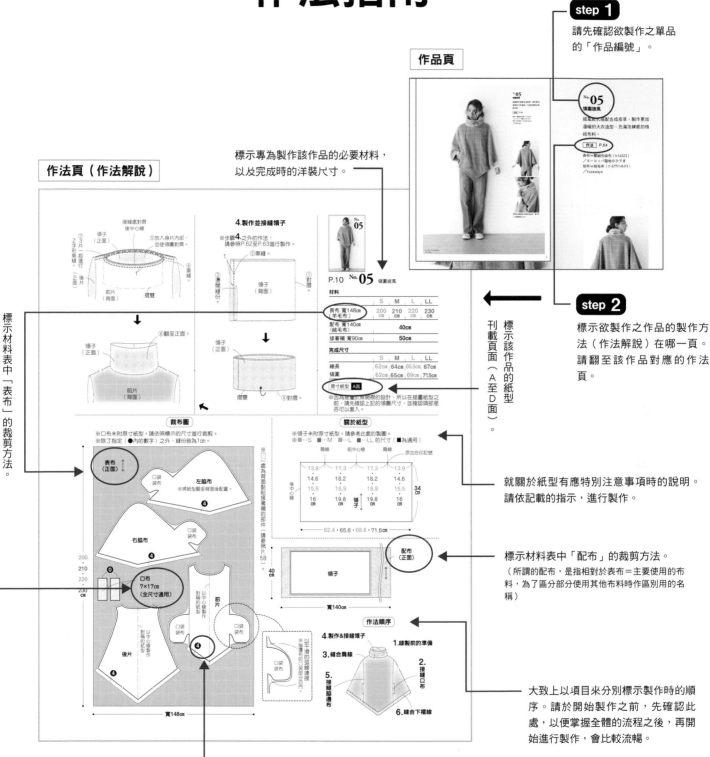

作品頁

step 1

請先確認欲製作之單品的「作品編號」。

No. 05
領圍披風

接處款式搭配合成皮革。製作更加溫暖的大衣造型。充滿洗練感的格紋布料。

作法 P.64

表布一龍貓先染布（h14523）
／ヨーロッパ亞麻的ひさき
別布一羊毛布（C-GT51-#01）
／Yuzawaya

標示專為製作該作品的必要材料，以及完成時的洋裝尺寸。

作法頁（作法解說）

4.製作並接縫領子

※步驟**4.**之外的作法，請參照P.62至P.63進行製作。

P.10 **No. 05** 領圍披風

標示材料表中「表布」的裁剪方法。

材料

	S	M	L	LL
表布 寬148cm（羊毛布）	200 CM	210 CM	220 CM	230 CM
配布 寬140cm（絨毛布）	40cm			
接著襯 寬90cm	50cm			

完成尺寸

	S	M	L	LL
總長	62cm	64cm	65.5cm	67cm
領圍	62cm	65cm	69cm	71.5cm

原寸紙型 A面

※因為是量身而開襟的設計，所以在描畫紙型之前，請先確認上記的領圍尺寸，並確認頭部是否可以套入。

step 2

標示欲製作之作品的製作方法（作法解說）在哪一頁。請翻至該作品對應的作法頁。

標示該作品的紙型刊載頁面（A至D面）。

裁布圖

※口布未附原寸紙型。請依照標示的尺寸進行裁剪。
※除了指定（●內的數字）之外，縫份皆為1cm。

表布（正面）

左脇布
※將紙型翻至背面後配置。

右脇布

口布 7×17cm（全尺寸通用）

前片
後片

□袋布

寬148cm

關於紙型

※領子未附原寸紙型。請參考此處的製圖。
※■…S ■…M ■…L ■…LL的尺寸 ■為通用）

	肩線	前中心線	肩線	添加合印記號
	13.9	17.3	17.3	13.9
	14.6	18.2	18.2	14.6
	15.5	18.9	18.9	15.5
	16 cm	19.8 cm	19.8 cm	16 cm

後中心線

領子

34 cm

62.4・65.6・68.8・71.6cm

配布（正面）

領子

40 cm

寬140cm

就關於紙型有應特別注意事項時的說明。請依記載的指示，進行製作。

標示材料表中「配布」的裁剪方法。
（所謂的配布，是指相對於表布＝主要使用的布料，為了區分部分使用其他布料時作區別用的名稱）

作法順序

4.製作&接縫領子
3.縫合肩線
5.接縫披風布
1.縫製前的準備
2.接縫口布
6.縫合下襬線

大致上以項目來分別標示製作時的順序。請於開始製作之前，先確認此處，以便掌握全體的流程之後，再開始進行製作，會比較流暢。

記載於圖內尺寸的部件為原寸紙型，或是無製圖標示的部件。因此請依照記載的尺寸，以粉土消失筆等物，於布片上直接作上記號後，進行裁剪，或是畫在紙上，作成紙型。尺寸已含縫份。

附錄的原寸紙型中，並不含縫份。在描繪紙型時，請依照「裁布圖」內的●內數字，外加指定的縫份之後，製作紙型。關於沒有附上●內數字的地方，基本上是附加1cm的縫份，但會因作品不同而有改變的情況發生，故請仔細閱讀註釋，並依照指示進行製作。

關於尺寸

[本書刊載作品的參考尺寸]

大人

參考尺寸	胸圍	腰圍	臀圍	背長	袖長	股上	股下	衣長
S	79	61	85.5	37	51.5	25	66	154
M	83	64	90	38	53	26	68	158
L	87	67	94	39	54	26.5	70	162
LL	91	70	98.5	40	55.5	27	71.5	166

[關於完成尺寸]

後片　胸圍　總長（後身片的最高位置至下襬線為止的長度）

腰圍　臀圍　總長

原寸紙型的使用方法

step 3　該處凸出的部分很重要

裁剪縫份之後，再行展開，就會形成角度。

該處凸出的部分很重要

縫份線　預先留白

依完成線摺疊縫份　完成線

紙型　紙型

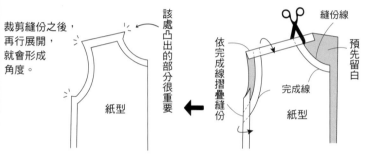

袖口或下襬線等，依相同方式附上縫份。

依完成線摺疊之後，沿著縫份線，進行裁剪。

step 1　從本書附錄剪下原寸紙型

• 請詳見作法頁確認欲製作的作品紙型刊載於 A至D其中頁面。

• 由本誌的切割線剪下原寸紙型。

• 欲製作的作品編號的紙型是以哪種色線作為標示？又有何種部件？請加以確認。

• 配置於紙型上的必要作品，由於作法頁上標示有配置方法，因此請對照加以確認。

step 4　進行裁剪

布紋方向

布片（正面）

摺雙

前片

① 將布片背面相對摺疊。
② 將紙型進行配置，並以珠針固定於完成線接近內側處。
③ 對齊紙型，裁剪布片。

前中心線摺雙

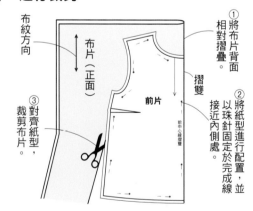

點線器

手藝用複寫紙（雙面）

前片

前中心線摺雙

⑤口袋接縫位置等，可使用手藝用複寫紙，於合印記號或尖褶處作上記號。
※合印記號亦可剪牙口（切口）。

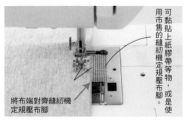

將布端對齊縫紉機定規壓布腳

可黏貼上紙膠帶等物，或是使用市售的縫紉機定規壓布腳。

④基本上，並不作完成線的記號。對齊縫合處的縫份寬度，於縫紉機上安裝定規壓布腳，並沿著定規壓布腳縫合。例如）附加1cm的縫份時，是將縫紉機定規壓布腳安裝於距離車縫針1cm處，並沿著定規壓布腳縫合。

step 2　複寫紙型

• 於紙型的上方置放上透明紙張（描圖紙等），使用定規尺，以鉛筆複寫下來。弧線部分建議使用曲線尺。

• 刊載的紙型並無附加縫份。請參考作法頁的「裁布圖」，使用方眼定規尺，附加縫份。

• 合印記號、布紋方向，部件名稱等，請事先填寫。

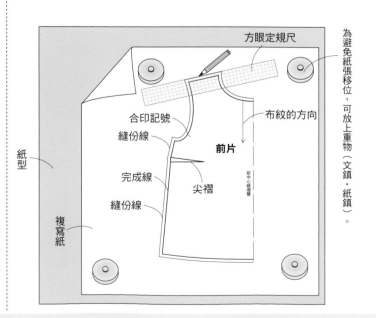

方眼定規尺

合印記號　布紋的方向

縫份線　前片

紙型　完成線　尖褶　前中心線摺雙

複寫紙　縫份線

為避免紙張移位，可放上重物（文鎮·紙鎮）。

接著襯的黏貼方法

裁剪後再黏貼

雖說要完全貼正於布片上較為困難，卻是個具有不浪費接著襯優點的方法。

（背面）

接著襯

將布片與接著襯分別裁剪成相同形狀，並於布片的背面側黏貼上接著襯。

黏貼上接著襯後再裁剪

相較於裁剪後再黏貼，可避免錯位，黏貼得更為整齊美觀。

後貼邊

摺雙

重新配置紙型，進行裁剪。

布片（背面）

接著襯

將接著襯裁剪成與已粗裁好的布片相同形狀，並於背面側黏貼上接著襯。

布片（正面）

摺雙

後貼邊

將布片裁剪得比黏有接著襯的部件紙型再稍微大一圈（粗裁）。

關於針織布的縫製技法

關於車縫針&車縫線

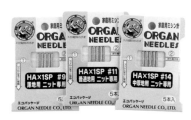

使用針織布用車縫針。由於針尖較圓，因此可以不傷針織織片進行縫合。

使用針織布用車縫線Resilon。如果使用一般布帛用車縫線，相對於針織布的伸縮，由於線無法伸縮，一定會發生斷線等情況。

關於接著襯

將針織布用的接著襯裁剪成細條狀，黏貼於肩線或下襬・袖口等處。由於針織布容易延展拉長，因此若未黏貼襯布條，就會出現延展伸長的狀況，而無法漂亮地完成縫製。

（就算是使用一般布帛的情況，有時為了防止布片伸展也是使用這種方法。那種時候則使用布帛用接著襯。）

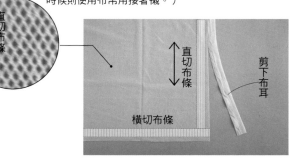

直切布條

直切布條

剪下布耳

橫切布條

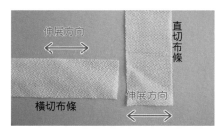

伸展方向

直切布條

橫切布條

伸展方向

將布耳裁剪下來，直切布條（布紋縱切）裁剪成黏貼處的縫份寬＋0.5cm，橫切布條（布紋橫切）裁剪成與黏貼處的縫份寬相同寬幅（作法內有指示時，請依照指示進行裁剪）。直切布條可使用於肩線等處當作止伸襯布條，橫切布條則可使用於想兼具牢固又帶有伸縮之處。

布紋橫切的襯布條經常往長邊方向伸展，布紋縱切的襯布條經常往短邊方向伸展。

P.07 No.**03** 立領大衣 關於領子的翻摺份

於表領添加翻摺份（裡領依照紙型使用）

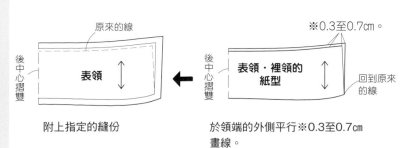

原來的線

後中心摺雙

表領

附上指定的縫份

※0.3至0.7cm。

後中心摺雙

表領・裡領的紙型

回到原來的線

於領端的外側平行※0.3至0.7cm畫線。

※添加的尺寸依照布料厚度加以變化。
羊毛布等有厚度的素材以0.7cm，燈芯絨或薄型羊毛布是以0.5cm，棉質菱織布或丹寧布、亞麻布等一般厚度的素材則是以0.3cm左右為標準

所謂的領子翻摺份……

領子翻摺時，形成領子外側的表領，由於比起裡領表面的距離變長，因此表領與裡領若為相同形狀，表領就會變得不夠長。
如此一來，領子無法漂亮外翻，形成過於硬直的狀態，而出現違和感。因此，只要在表領上添加翻摺份製作紙型，即可漂亮地完成縫製。

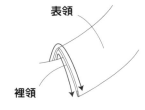

表領

裡領

對於B（裡領側），由於A（表領側）的距離會變長，因此，有必要事先將表領加長。特別是當布料變厚時，A與B的差別會變得更大。

3.製作＆接縫貼邊

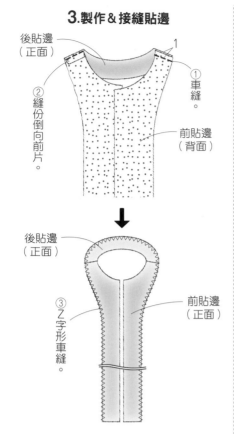

後貼邊（正面）
① 車縫。
② 縫份倒向前片。
前貼邊（背面）
1

後貼邊（正面）
③ Z字形車縫。
前貼邊（正面）

No.03的情況，製作領子，疏縫固定於身片上。

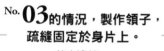
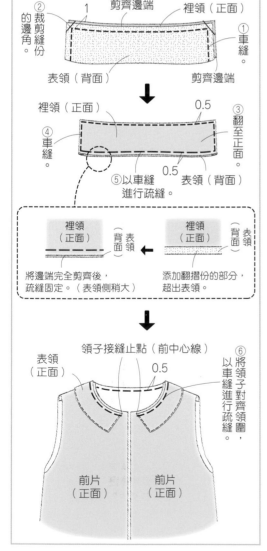

② 的裁剪縫份的邊角。
剪齊邊端
裡領（正面）
① 車縫。
表領（背面）
剪齊邊端

裡領（正面）
0.5
④ 車縫。
0.5
③ 翻至正面。
表領（背面）
⑤ 以車縫進行疏縫。

裡領（正面）
背面 表領
將邊端完全剪齊後，疏縫固定。（表領側稍大）

裡領（正面）
背面 表領
添加翻摺份的部分，超出表領。

領子接縫止點（前中心線）
表領（正面）
0.5
⑥ 將領子對齊領圍，以車縫進行疏縫。
前片（正面）
前片（正面）

作法順序

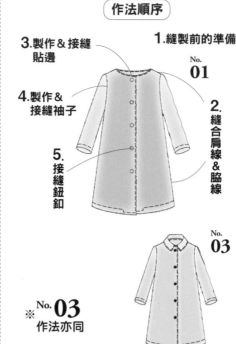

3.製作＆接縫貼邊
4.製作＆接縫袖子
5.接縫鈕釦
No. 01

1.縫製前的準備
2.縫合肩線＆脇線

No. 03

※ No.03 作法亦同

1.縫製前的準備

① 於 ⬚ 的部分黏貼上接著襯（請參照P.58）。

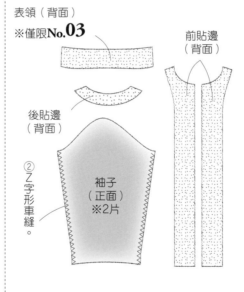

表領（背面）
※僅限No.03
前貼邊（背面）

後貼邊（背面）
② Z字形車縫。
袖子（正面）※2片

2.縫合肩線＆脇線

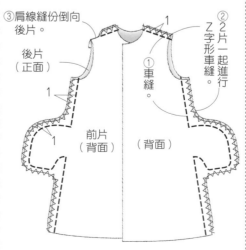

③ 肩線縫份倒向後片。
1
② 2片一起進行Z字形車縫。
後片（正面）
① 車縫。
1
前片（背面）
（背面）
1

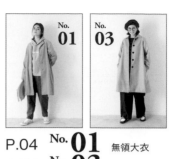

No. 01
No. 03

P.04 No.01 無領大衣
P.07 No.03 立領大衣

材料

	S	M	L	LL
No.01‥表布寬108cm（燈芯絨）※S之外，請準備寬114cm以上。	310cm	320cm	330cm	330cm
No.03‥表布寬137cm（麥爾頓羊毛布）	260cm	270cm	330cm	330cm
接著襯 寬90cm	110cm			
鈕釦 寬2.5cm	5個			

完成尺寸

	S	M	L	LL
胸圍	101cm	106cm	111cm	116cm
總長	89cm	93.5cm	94cm	96.5cm

原寸紙型 A面

裁布圖

※於表領添加翻摺份。詳情請參閱P.58。

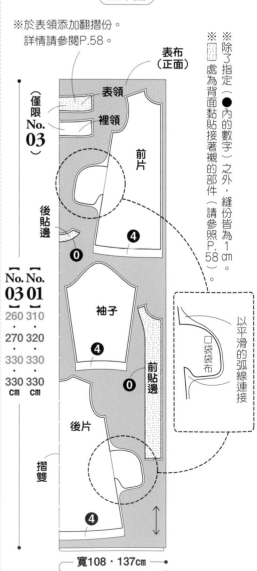

※ 除了指定（●內的數字）之外，縫份皆為1cm。
※ ⬚ 處為背面黏貼接著襯的部件（請參照P.58）。

表布（正面）
（僅限No.03）
表領
裡領
前片
後貼邊
0
4
以平滑的弧線連接
口袋袋布

No.03	No.01
260‥270‥330‥330cm	310‥320‥330‥330cm

袖子
4
前貼邊
0
後片
摺雙
4

寬108・137cm →

4.製作＆接縫袖子

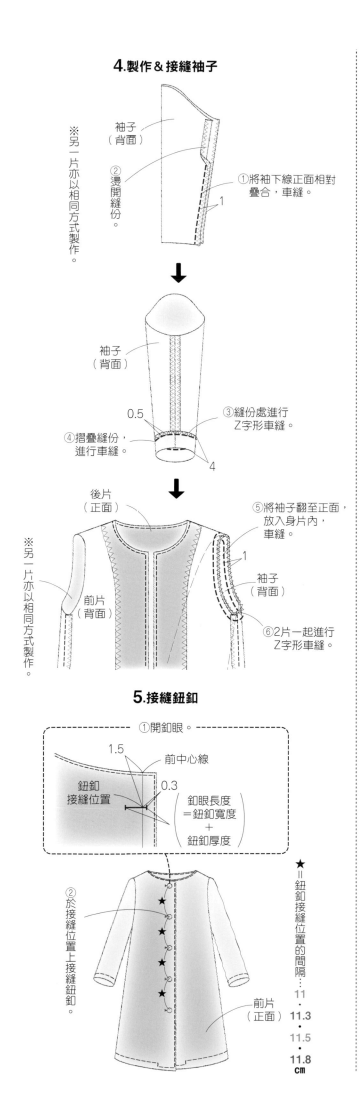

①將袖下線正面相對疊合，車縫。

②燙開縫份。

※另一片亦以相同方式製作。

袖子（背面）

③縫份處進行Z字形車縫。

④摺疊縫份，進行車縫。

0.5

4

⑤將袖子翻至正面，放入身片內，車縫。

後片（正面）

前片（背面）

袖子（背面）

⑥2片一起進行Z字形車縫。

※另一片亦以相同方式製作。

1

5.接縫鈕釦

①開釦眼。

1.5

前中心線

0.3

鈕釦接縫位置

釦眼長度＝鈕釦寬度＋鈕釦厚度

②於接縫位置上接縫鈕釦。

★＝鈕釦接縫位置的間隔…

11
・
11.3
・
11.5
・
11.8
cm

前片（正面）

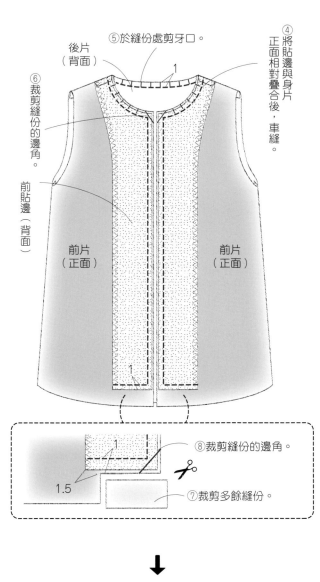

⑤於縫份處剪牙口。

後片（背面）

1

④將貼邊與身片正面相對疊合後，車縫。

⑥裁剪縫份的邊角。

前貼邊（背面）

前片（正面）

前片（正面）

1

⑧裁剪縫份的邊角。

1.5

1

⑦裁剪多餘縫份。

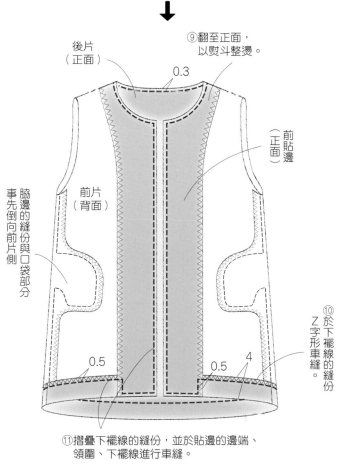

⑨翻至正面，以熨斗整燙。

後片（正面）

0.3

前貼邊（正面）

前片（背面）

事先倒向前片側

脇邊的縫份與口袋部分

0.5

0.5

4

⑩於下襬線的縫份Z字形車縫。

⑪摺疊下襬線的縫份，並於貼邊的邊端、領圍、下襬線進行車縫。

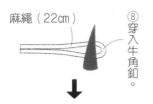

麻繩（22cm）　⑧穿入牛角釦。

⑨對齊前中心線，疊合門襟份。
※避免錯位或歪扭，
整齊地對齊至下方為止。

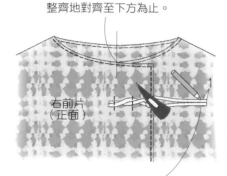

右前片
（正面）

⑩試著將牛角釦掛在已接縫於
右前片的麻繩上，並於適當的位置
畫上記號（麻繩前端算起1cm內側）。

⑫接縫按釦（凸面）。

2.5
2.5

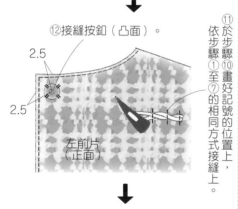

左前片
（正面）

⑬以粉筆類的粉土筆或色鉛筆等，
於鈕釦中心的突起處畫上顏色作記號。
（由於另一側複印上記號，因此粉筆類
的記號筆會比油墨型更容易描畫）

左前片
（正面）

⑭依步驟⑨相同方式，對齊中心線，重新
疊合門襟份，以手指由布片上方按壓按
釦的部分，並複印上凹側按釦接縫位置
的記號。

⑮接縫按釦（凹面）。

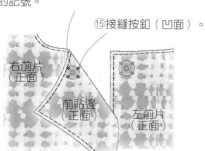

右前片
（正面）　前貼邊
（正面）　左前片
（正面）

※□□處為背面黏貼接著襯的部件（請參照P.58）。

※除了指定（●內的數字）之外，縫份皆為1cm。

※步驟5.之外的作法，請參照P.59至P.60製作。

裁布圖

表布
（正面）

袖子 ④

摺雙

前片

後貼邊 ⓪

④

後片 ④ ⓪

前貼邊

④

口袋
袋布

以平滑的弧線連接

230
250
250
260
cm

寬160cm

5.接縫鈕釦

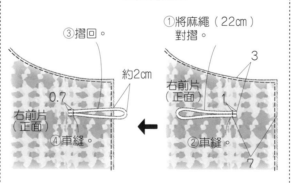

①將麻繩（22cm）對摺。
②車縫
③摺回。
④車縫
約2cm
0.7
3
7

右前片
（正面）

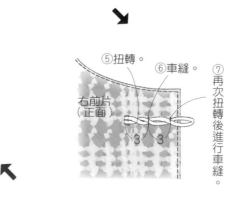

⑤扭轉。
⑥車縫
⑦再次扭轉後進行車縫。
3 3

右前片
（正面）

P.06 No. 02 雙層釦無領大衣

材料

	S	M	L	LL
表布 寬160cm（羊毛軟呢）	230cm	250cm	250cm	260cm
接著襯 寬80cm	110cm			
牛角釦 寬5.5cm	1個			
麻繩 寬0.5cm	50cm			
按釦 寬2cm～2.5cm	1組			

完成尺寸

	S	M	L	LL
胸圍	101cm	106cm	111cm	116cm
總長	89cm	93.5cm	94cm	96.5cm

原寸紙型 A面

關於紙型

※將No.01的紙型依下圖所示
進行配置後使用。

平行超出前端線7cm（全尺寸通用）

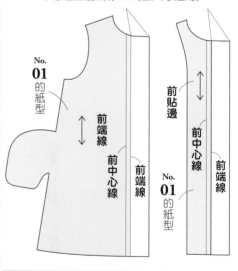

No.01的紙型　前端線　前中心線　前端線

前貼邊　前中心線　前端線　No.01的紙型

作法順序

1.縫製前的準備

3.製作＆接縫貼邊

4.製作＆接縫袖子

2.縫合肩線與脇線

5.接縫鈕釦

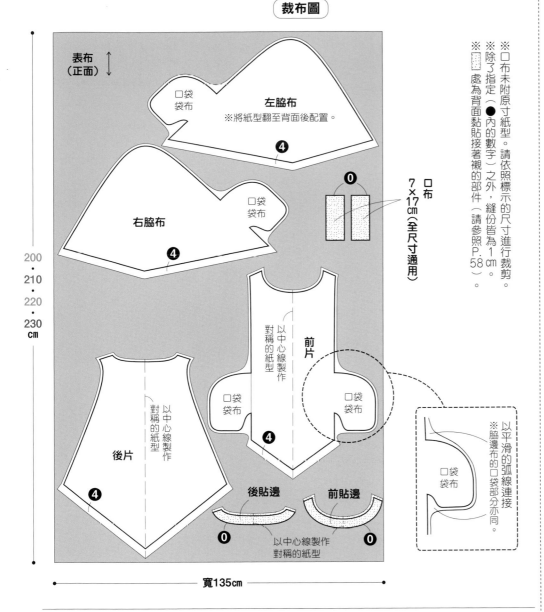

裁布圖

表布（正面）↕

200
210
220
230
cm

□袋袋布

左脇布
※將紙型翻至背面後配置。

❹

右脇布

□袋袋布

❹

以中心線製作對稱的紙型

前片

□袋袋布

❹

以中心線製作對稱的紙型

後片

❹

以中心線製作對稱的紙型

❶

口布

7×17cm（全尺寸通用）

後貼邊　**前貼邊**

❶　❶

以中心線製作對稱的紙型

□袋袋布

以平滑的弧線連接

※脇邊布的口袋部分亦同。

寬135cm

※口布未附原寸紙型。請依照標示的尺寸進行裁剪。

※除了指定（●內的數字）之外，縫份皆為1cm。

※ [圖示] 處為背面黏貼接著襯的部件（請參照P.58）。

P.08 **No. 04** 披風

材料

	S	M	L	LL
表布 寬135cm（羊毛壓縮針織布）	200cm	210cm	220cm	230cm
接著襯 寬90cm		60cm		

完成尺寸

	S	M	L	LL
總長	62cm	64cm	65.5cm	67cm
領圍	57.5cm	60.5cm	63.5cm	66cm

原寸紙型 **A面**

※因為是屬於無開襟的設計，所以在描畫紙型之前，請先確認上記的領圍尺寸，並確認頭部是否可以套入。

作法順序

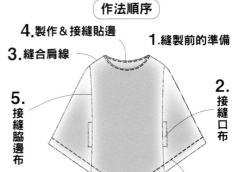

4.製作&接縫貼邊
3.縫合肩線
5.接縫脇邊布
1.縫製前的準備
2.接縫口布
6.縫合下襬線

1.縫製前的準備

①於 [圖示] 的部分黏貼上接著襯（請參照P.58）。

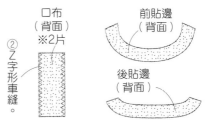

口布（背面）※2片
②Z字形車縫。

前貼邊（背面）
後貼邊（背面）

②於前片・後片・脇邊布的下襬線黏貼上布紋橫切的襯布條。（請參照P.58「關於針織布的縫製技法」）

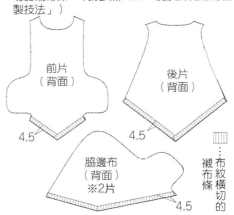

前片（背面）
後片（背面）
4.5　4.5

脇邊布（背面）※2片
4.5

[圖示] …布紋橫切的襯布條

2.接縫口布

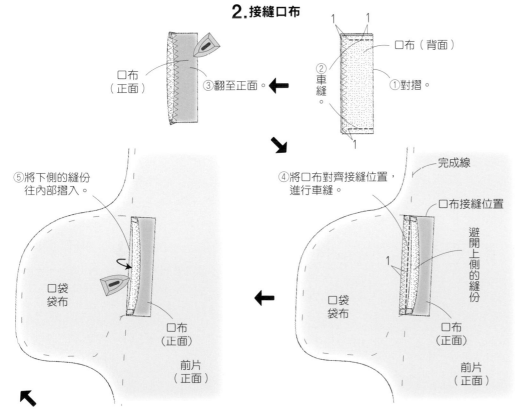

口布（正面）
③翻至正面。
口布（背面）
②車縫。
①對摺。
1　1

⑤將下側的縫份往內部摺入。

□袋袋布
口布（正面）
前片（正面）

④將口布對齊接縫位置，進行車縫。

完成線
口布接縫位置
避開上側的縫份
1
□袋袋布
口布（正面）
前片（正面）

6.縫合下襬線

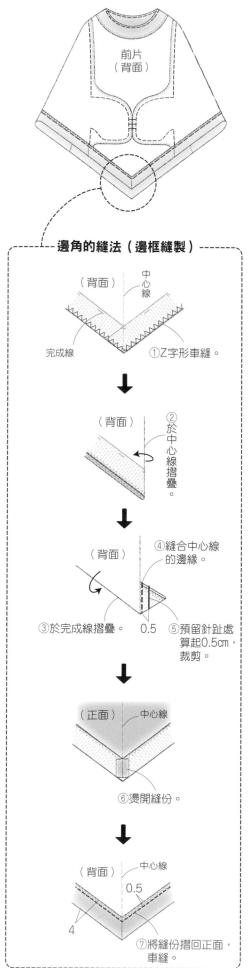

前片
（背面）

邊角的縫法（邊框縫製）

（背面）
中心線

完成線
①Z字形車縫。

（背面）
②於中心線摺疊。

（背面）
④縫合中心線的邊緣。

③於完成線摺疊。
0.5
⑤預留針趾處算起0.5cm，裁剪。

（正面）
中心線

⑥燙開縫份。

（背面）
中心線
0.5
4
⑦將縫份摺回正面，車縫。

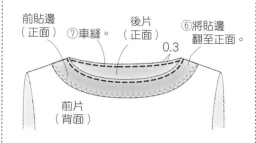

前貼邊
（正面）
⑦車縫。
後片
（正面）
⑥將貼邊翻至正面。
0.3
前片
（背面）

5.接縫脇邊布

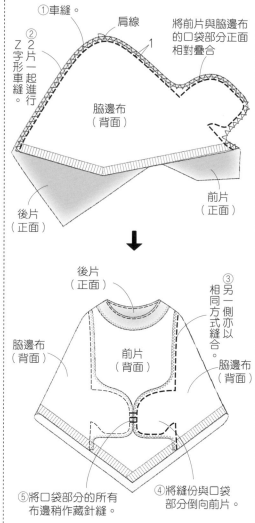

①車縫。
肩線
將前片與脇邊布的口袋部分正面相對疊合
②2片一起進行Z字形車縫。
1
脇邊布
（背面）
後片
（正面）
前片
（正面）

後片
（正面）
③另一側亦以相同方式縫合。
脇邊布
（背面）
前片
（背面）
脇邊布
（背面）

⑤將口袋部分的所有布邊稍作藏針縫。
④將縫份與口袋部分倒向前片。
⑥翻至正面。

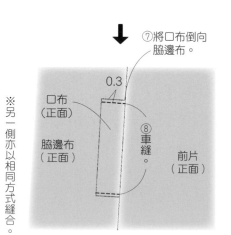

⑦將口布倒向脇邊布。
0.3
口布
（正面）
脇邊布
（正面）
⑧車縫。
前片
（正面）
※另一側亦以相同方式縫合。

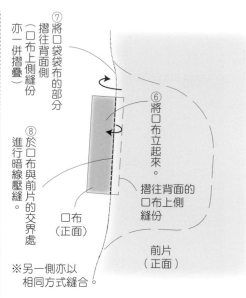

⑦將口袋袋布的部分摺往背面側（口布上側縫份亦一併摺疊）
⑥將口布立起來。摺往背面的口布上側縫份
⑧於口布與前片的交界處進行暗線壓縫。
口布
（正面）
前片
（正面）
※另一側亦以相同方式縫合。

3.縫合肩線

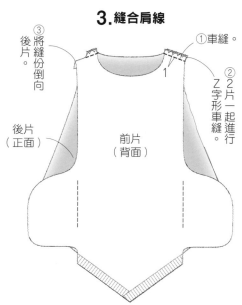

③將縫份倒向後片
①車縫。
1
②2片一起進行Z字形車縫。
後片
（正面）
前片
（背面）

4.製作&接縫貼邊

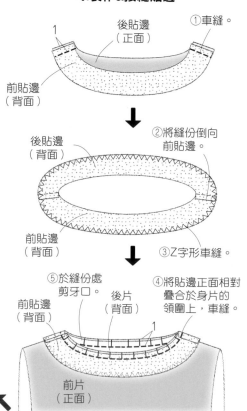

1
後貼邊（正面）
①車縫。
前貼邊（背面）
②將縫份倒向前貼邊。
後貼邊（背面）
前貼邊（背面）
③Z字形車縫。

⑤於縫份處剪牙口。
前貼邊（背面）
後片（背面）
④將貼邊正面相對疊合於身片的領圍上，車縫。
1
前片（正面）

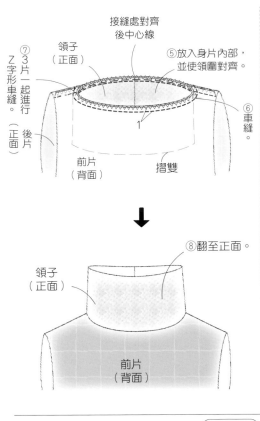

⑦Z字形串縫。3片一起進行。（正面）

接縫處對齊後中心線

領子（正面）

⑤放入身片內部，並使領圍對齊。

後片（正面）

⑥車縫。

前片（背面）

1

摺雙

⑧翻至正面。

領子（正面）

前片（背面）

4.製作並接縫領子

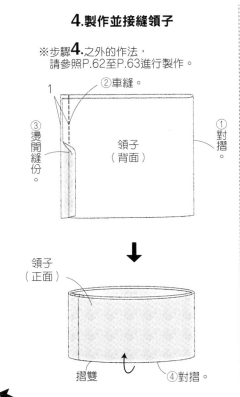

※步驟**4.**之外的作法，請參照P.62至P.63進行製作。

②車縫。

1

①對摺。

領子（背面）

③燙開縫份。

領子（正面）

④對摺。

摺雙

P.10 No.05 領圍披風

材料

	S	M	L	LL
表布 寬148cm（羊毛布）	200cm	210cm	220cm	230cm
配布 寬140cm（絨毛布）	40cm			
接著襯 寬90cm	50cm			

完成尺寸

	S	M	L	LL
總長	62cm	64cm	65.5cm	67cm
領圍	62cm	65cm	69cm	71.5cm

原寸紙型 A面

※因為是屬於無開襟的設計，所以在描畫紙型之前，請先確認上記的領圍尺寸，並確認頭部是否可以套入。

裁布圖

※口布未附原寸紙型。請依照標示的尺寸進行裁剪。
※除了指定（●內的數字）之外，縫份皆為1cm。

表布（正面）

口袋袋布

左脇布

※將紙型翻至背面後配置。

❹

右脇布

口袋袋布

❹

❶

口布 7×17cm（全尺寸通用）

以中心線製作對稱的紙型

前片

口袋袋布

❹

後片

以中心線製作對稱的紙型

❹

口袋袋布

❹

※以平滑的弧線連接脇邊布的口袋部分亦同。

口袋袋布

※[[]]處為背面黏貼接著襯的部件（請參照P.58）。

200・210・220・230cm

寬148cm

關於紙型

※領子未附原寸紙型。請參考此處的製圖。
※■…S ■…M ■…L ■…LL 的尺寸（■為通用）

肩線　　前中心線　　肩線　　添加合印記號

13.9	17.3	17.3	13.9
14.6	18.2	18.2	14.6
15.5	18.9	18.9	15.5
16cm	19.8cm	19.8cm	16cm

後中心線

領子

34cm

62.4・65.6・68.8・71.6cm

配布（正面）

40cm

領子

寬140cm

作法順序

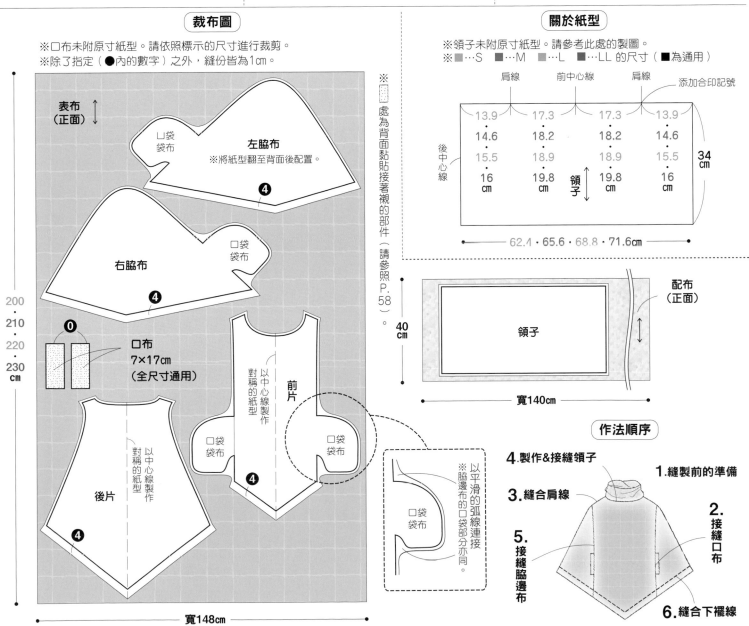

4.製作&接縫領子

1.縫製前的準備

3.縫合肩線

2.接縫口布

5.接縫脇邊布

6.縫合下襬線

64

裁布圖

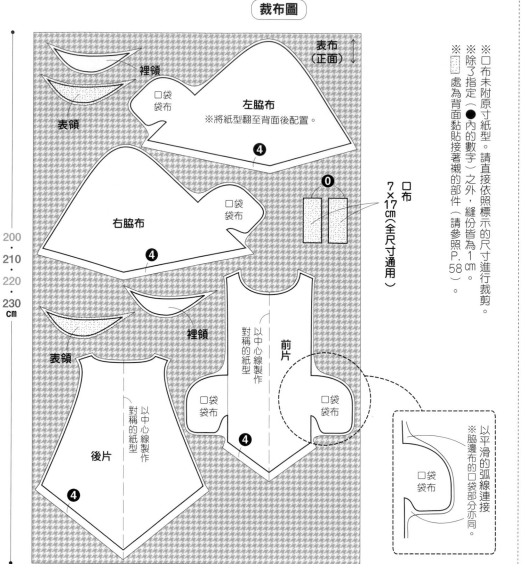

裡領
表領
口袋袋布
左脇布
※將紙型翻至背面後配置。
❹

表布（正面）↕

0

口布
7×17㎝（全尺寸通用）

右脇布
口袋袋布
❹

200
·
210
·
220
·
230
㎝

裡領
表領
口袋袋布
❹

前片
以中心線製作 對稱的紙型

口袋袋布
口袋袋布
❹

後片
以中心線製作 對稱的紙型
❹

口袋袋布

※脇邊布的口袋部分亦同。
以平滑的弧線連接

寬135㎝

※□布未附原寸紙型。請直接依照標示的尺寸進行裁剪。
※除了指定（●內的數字）之外，縫份皆為1㎝。
※□□處為背面黏貼接著襯的部件（請參照P.58）。

P.11 No.06 重疊領披風

材料

	S	M	L	LL
表布 寬135cm（羊毛軟呢）	200cm	210cm	220cm	230cm
接著襯 寬90cm	60cm			

完成尺寸

	S	M	L	LL
總長	62cm	64cm	65.5cm	67cm
領圍	62cm	65cm	69cm	71.5cm

原寸紙型 A面

※因為是屬於無開襟的設計，所以在描畫紙型之前，請先確認上記的領圍尺寸，並確認頭部是否可以套入。

作法順序

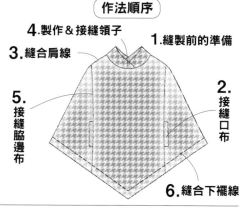

4.製作＆接縫領子
1.縫製前的準備
3.縫合肩線
2.接縫口布
5.接縫脇邊布
6.縫合下襬線

將後中心線的記號位置對齊後，疊放。

⑥3片一起進行Z字形車縫。

裡領（正面）
裡領（正面）
後片（正面）
前片（背面）
⑤車縫。
1

前片側亦以相同方式，將中心線的記號位置對齊後，疊放。

裡領（正面）
前片（正面）
後片（背面）
將左側領片疊放於上

表領（正面）
⑦翻至正面。
前片（正面）

※步驟4.之外的作法，請參照P.62至P.63進行製作。

4.製作＆接縫領子

①於表領的背面側黏貼接著襯（請參照P.58）

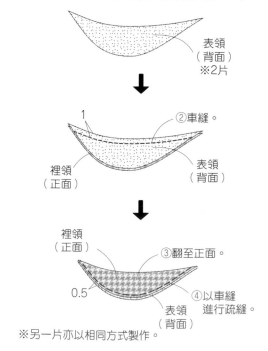

表領（背面）※2片

裡領（正面）
②車縫。
表領（背面）
1

裡領（正面）
③翻至正面。
0.5
④以車縫進行疏縫。
表領（背面）

※另一片亦以相同方式製作。

1.縫製前的準備

①於▨▨▨處為黏貼上接著襯（請參照P.58）。

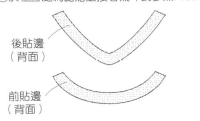

後貼邊（背面）

前貼邊（背面）

②於袖襱、口袋口處黏貼上布紋橫切的襯布條，並於後片的肩線黏貼上布紋縱切的襯布條（請參照P.58）。

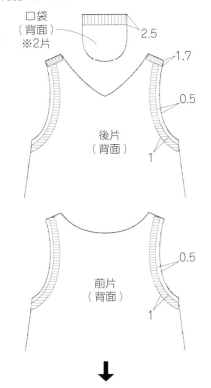

口袋（背面）※2片　2.5

▥▥ ▥▥
↑　　↑
布紋縱切的襯布條　布紋橫切的襯布條

後片（背面）　1.7　0.5　1

前片（背面）　0.5　1

③於 〰〰〰 的部分進行Z字形車縫。

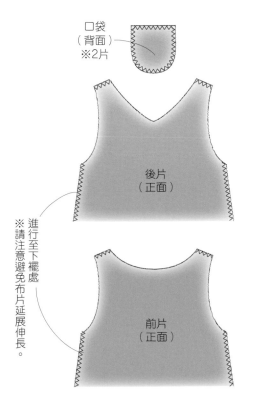

口袋（背面）※2片

後片（正面）

前片（正面）

※請注意避免布片延展伸長。

※進行至下襬處。

No.09 裁布圖

※除了指定（●內的數字）之外，縫份皆為1cm。
※▨▨▨處為背面黏貼接著襯的部件（請參照P.58）

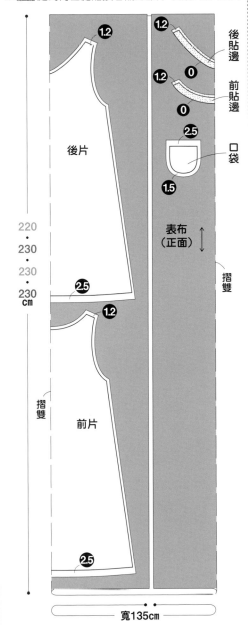

1.2　1.2　後貼邊
1.2　0　前貼邊
0
2.5　口袋
1.5

後片

表布（正面）

摺雙

2.5　1.2

220・230・230・230 cm

摺雙

2.5

寬135cm

No.10 裁布圖

※除了指定（●內的數字）之外，縫份皆為1cm。
※▨▨▨處為背面黏貼接著襯的部件（請參照P.58）。

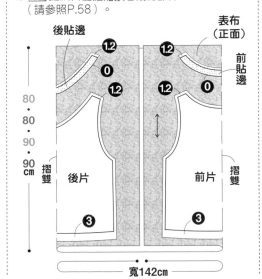

後貼邊　表布（正面）
1.2　1.2　前貼邊
0　0
1.2　1.2

80・80・90・90 cm

摺雙　後片　前片　摺雙

❸　❸

寬142cm

P.20　No.09　2 WAY 連身裙

材料

	S	M	L	LL
表布 寬135cm（羊毛壓縮天竺布）	220cm	230cm	230cm	230cm
針織布用接著襯 寬50cm	30cm			

完成尺寸

	S	M	L	LL
胸圍	85.5cm	90cm	94cm	99cm
總長	100cm	102cm	105cm	108cm

原寸紙型 B面

P.21　No.10　2 WAY 背心

材料

	S	M	L	LL
表布 寬142cm（布克勒毛圈布）	80cm	80cm	90cm	90cm
針織布用接著襯 寬50cm	35cm			

完成尺寸

	S	M	L	LL
胸圍	85.5cm	90cm	94cm	99cm
總長	54.5cm	56cm	57cm	59cm

原寸紙型 B面

作法順序

※請於開始縫製之前，先參閱P.58「關於針織布的縫製技法」。

4.製作＆接縫貼邊　　1.縫製前的準備

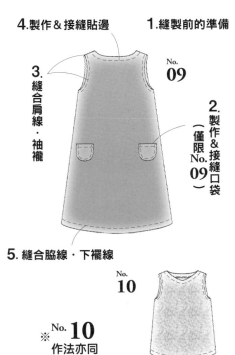

3.縫合肩線・袖襱

2.製作＆接縫口袋（僅限No.09）

No.09

5.縫合脇線・下襬線

No.10

※No.10 作法亦同

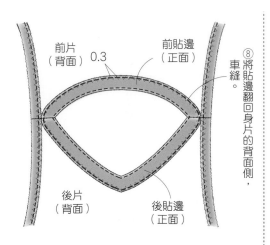

前片（背面） 0.3 前貼邊（正面）

後片（背面） 後貼邊（正面）

⑧將貼邊翻回身片的背面側，車縫。

5.縫合脇線‧下襬線

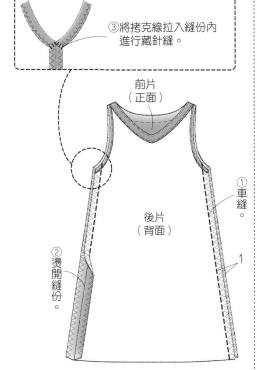

③將拷克線拉入縫份內進行藏針縫。

前片（正面）

後片（背面）

①車縫。

②燙開縫份。

1

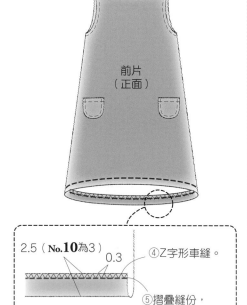

前片（正面）

2.5（No.10為3）　0.3

④Z字形車縫。

⑤摺疊縫份，進行車縫。

4.製作&接縫貼邊

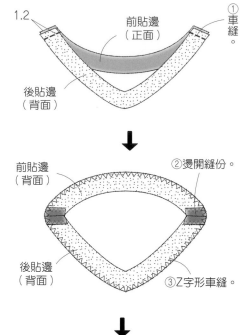

1.2　前貼邊（正面）

①車縫。

後貼邊（背面）

前貼邊（背面）

②燙開縫份。

後貼邊（背面）

③Z字形車縫。

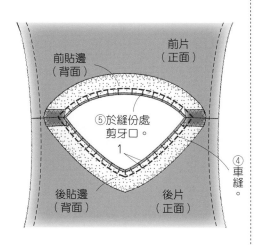

前貼邊（背面）

前片（正面）

⑤於縫份處剪牙口。

1

後貼邊（背面）

後片（正面）

④車縫。

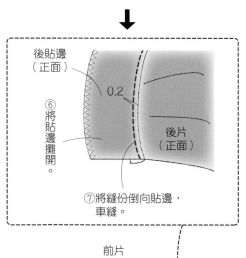

後貼邊（正面）

0.2

後片（正面）

⑥將貼邊攤開。

⑦將縫份倒向貼邊，車縫。

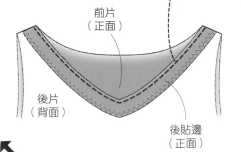

前片（正面）

後片（背面）

後貼邊（正面）

2.製作&接縫口袋（僅限No.09）

①摺疊縫份，進行車縫。

2.5

0.5

口袋（背面）

事先預留少許的線端

0.5

0.8

②於弧線縫份的部分進行粗針目車縫。

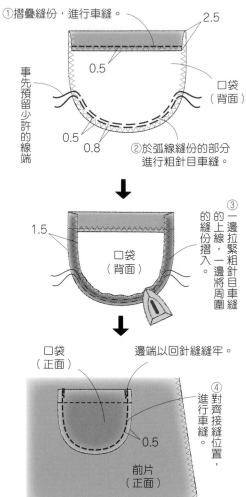

1.5

口袋（背面）

③一邊拉緊粗針目車縫的上線，一邊將周圍的縫份摺入。

口袋（正面）

邊端以回針縫縫牢。

0.5

④對齊接縫位置，進行車縫。

前片（正面）

※另一片口袋亦以相同方式製作。

3.縫合肩線‧袖襱

1.2

前片（正面）

①車縫。

後片（背面）

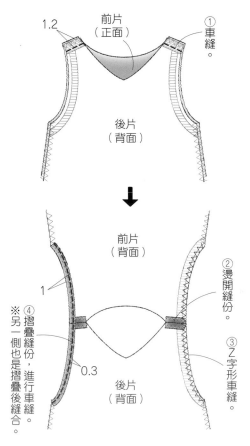

1

後片（背面）

0.3

④摺疊縫份，進行車縫。※另一側也是摺疊後縫合。

②燙開縫份。

③Z字形車縫。

※領子・下襬羅紋束口・袖口羅紋束口未附原寸紙型。請參考此處的製圖裁布。
※■…S ■…M ■…L ■…LL 的尺寸（■為通用）

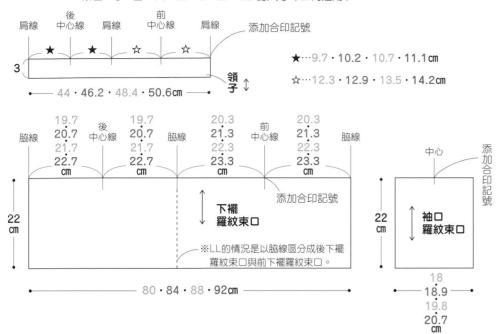

肩線　後中心線　肩線　前中心線　肩線　添加合印記號

★…9.7・10.2・10.7・11.1cm
☆…12.3・12.9・13.5・14.2cm

3　領子↕

44・46.2・48.4・50.6cm

脇線
19.7　後中心線　19.7　脇線　20.3　前中心線　20.3　脇線
20.7　20.7　21.3　21.3
21.7　21.7　22.3　22.3
22.7cm　22.7cm　23.3cm　23.3cm

添加合印記號

下襬羅紋束口

※LL的情況是以脇線區分成後下襬羅紋束口與前下襬羅紋束口。

22cm

80・84・88・92cm

中心　添加合印記號

22cm　袖口羅紋束口

18
18.9
19.8
20.7cm

No.13

P.24　No. 13　彈性上衣

材料

	S	M	L	LL
表布 寬180cm（吸濕排汗布）	100cm	110cm	110cm	120cm
配布 寬45cm（短纖羅紋布）	60cm	60cm	60cm	90cm
針織布用接著襯寬10cm		15cm		

※短纖羅紋布在「摺雙」狀態下平置時的寬幅為45cm。將「摺雙」打開後，形成一片的狀態下，則為寬90cm。

完成尺寸

	S	M	L	LL
胸圍	94cm	99cm	103cm	108cm
總長	58cm	59cm	61cm	62cm

原寸紙型　**B面**

2.縫合肩線

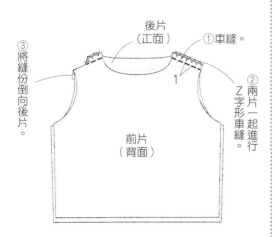

③將縫份倒向後片。

後片（正面）
①車縫。
②兩片一起進行Z字形車縫。

前片（背面）

3.縫合領圍

③燙開縫份。
②車縫。
①對摺。

領子（背面）

領子（正面）

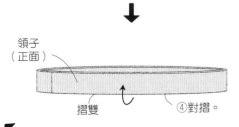

摺雙　④對摺。

作法順序

※請於開始縫製之前，先參閱P.58「關於針織布的縫製技法」。

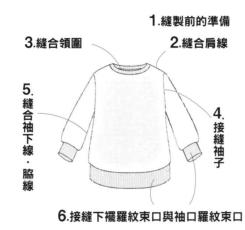

1.縫製前的準備
3.縫合領圍
2.縫合肩線
5.縫合袖下線
4.接縫袖子
6.接縫下襬羅紋束口與袖口羅紋束口

1.縫製前的準備

①於後片的肩線黏貼上布紋縱切的襯布條（請參照P.58）。

▓▓▓…布紋縱切的襯布條

後片（背面）

裁布圖

※附加1cm的縫份。

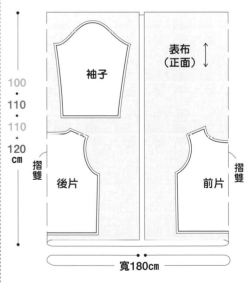

袖子
表布（正面）
後片
前片
摺雙

100・110・110・120cm

寬180cm

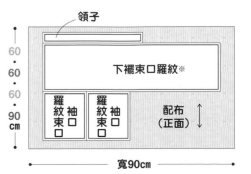

領子

下襬束口羅紋※

羅紋袖束口　羅紋袖束口　配布（正面）

60・60・60・90cm

寬90cm

※將「摺雙」打開後，在一片的狀態下製作。
※LL為後下襬羅紋束口與前下襬羅紋束口2片。

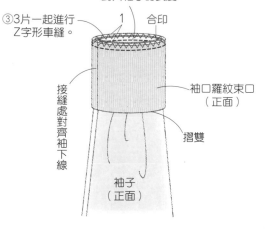

② 疊放於袖口上，對齊合印記號，將袖口羅紋束口伸展，對齊袖子的長度。

③ 3片一起進行Z字形車縫。

1　合印

接縫處對齊袖下線

袖口羅紋束口（正面）

摺雙

袖子（正面）

※另一片袖子亦以相同方式縫合。

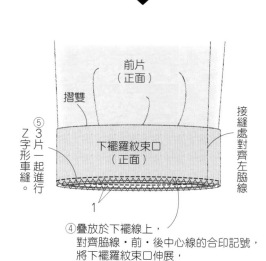

摺雙

前片（正面）

接縫處對齊左脇線

下襬羅紋束口（正面）

⑤ 3片一起進行Z字形車縫。

1

④ 疊放於下襬線上，對齊脇線・前・後中心線的合印記號，將下襬羅紋束口伸展，一邊對齊身片的長度，一邊車縫。

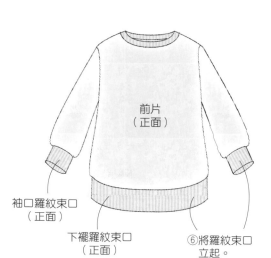

前片（正面）

袖口羅紋束口（正面）

下襬羅紋束口（正面）

⑥ 將羅紋束口立起。

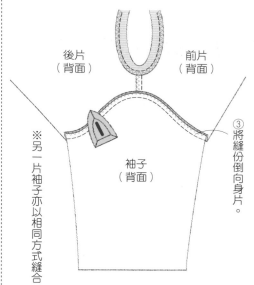

後片（背面）　前片（背面）

※另一片袖子亦以相同方式縫合。

③ 將縫份倒向身片。

袖子（背面）

5.縫合袖下線・脇線

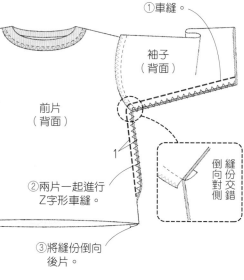

① 車縫。

袖子（背面）

前片（背面）

② 兩片一起進行Z字形車縫。

1

③ 將縫份倒向後片。

縫份倒向對側交錯

※另一側亦以相同方式縫合。

6.接縫下襬羅紋束口&袖口羅紋束口

① 依照領子的相同方式，製作下襬羅紋束口&袖口羅紋束口。

※LL是縫合後下襬羅紋束口&前下襬羅紋束口的兩端後，拼接成1片。

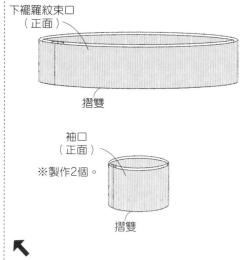

下襬羅紋束口（正面）

摺雙

袖口（正面）

摺雙

※製作2個。

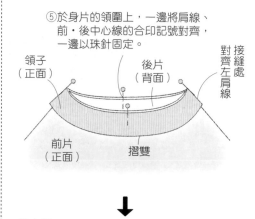

⑤ 於身片的領圍上，一邊將肩線、前・後中心線的合印記號對齊，一邊以珠針固定。

領子（正面）　後片（背面）

對齊接縫左肩線

前片（正面）

摺雙

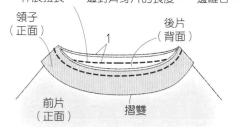

⑥ 車縫。

※相對於身片，領子的布片較短，因此可將領子伸展拉長，一邊對齊身片的長度，一邊縫合。

領子（正面）　後片（背面）

1

前片（正面）

摺雙

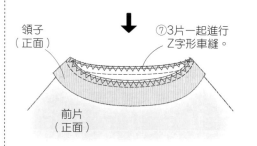

⑦ 3片一起進行Z字形車縫。

領子（正面）

前片（正面）

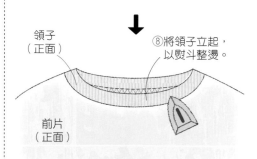

⑧ 將領子立起，以熨斗整燙。

領子（正面）

前片（正面）

4.接縫袖子

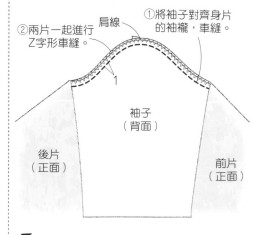

① 將袖子對齊身片的袖襱，車縫。

② 兩片一起進行Z字形車縫。

肩線

1

袖子（背面）

後片（正面）

前片（正面）

關於紙型

※下襬羅紋束口・袖口羅紋束口未附原寸紙型。請參考P.68的製圖。

【添加口袋的縫份】

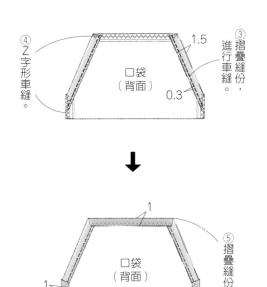

① 複寫紙型，畫上縫份線。

② 於□袋□的□線於摺疊摺雙。

③ 沿著縫份線，裁剪紙片。

④ 將已摺疊的部分攤開，沿著縫份線，裁剪多餘縫份。

【大兜帽紙型的作法】

※大兜帽的紙型。請依下圖所示製作。

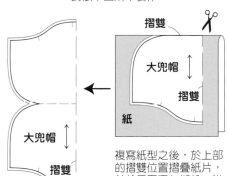

複寫紙型之後，於上部的摺雙位置摺疊紙片，並於周圍添加縫份，進行裁剪。

打開

No. 14

P.25　No.**14**　連帽上衣

材料

	S	M	L	LL
表布 寬180cm（厚型吸濕排汗布）	120cm	130cm	130cm	140cm
配布 寬45cm（短纖羅紋布）	60cm	60cm	60cm	90cm
亞麻扁繩 寬0.6cm		100cm		
針織布用接著襯 寬10cm		20cm		

※短纖羅紋布在「摺雙」狀態下平置時的寬幅為45cm。將「摺雙」打開後，形成1片的狀態下，則為寬90cm。

完成尺寸

	S	M	L	LL
胸圍	94cm	99cm	103cm	108cm
總長	58cm	59cm	61cm	62cm

原寸紙型 B面

作法順序

※請於開始縫製之前，先參閱P.58「關於針織布的縫製技法」。

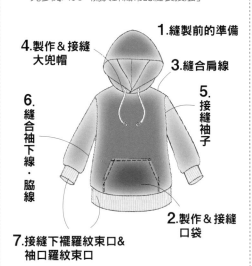

1. 縫製前的準備
3. 縫合肩線
4. 製作＆接縫大兜帽
5. 接縫袖子
6. 縫合袖下線・脇線
2. 製作＆接縫口袋
7. 接縫下襬羅紋束口＆袖口羅紋束口

※以步驟**2.、4.**之外的作法，請參照P.68至P.69進行製作。

2.製作＆接縫口袋

① 於口袋口、上端、兩側脇邊的縫份處黏貼上布紋縱切的襯布條（請參照P.58）。

② Z字形車縫。

▨……布紋縱切的襯布條

裁布圖

※除了指定（●內的數字）之外，縫份皆為1cm。

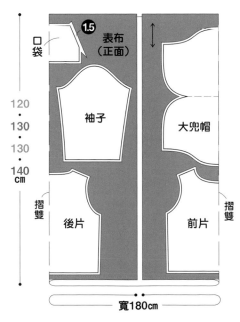

寬180cm

寬90cm

※將「摺雙」打開後，在一片的狀態下製作。
※LL為後下襬羅紋束口與前下襬羅紋束口2片。

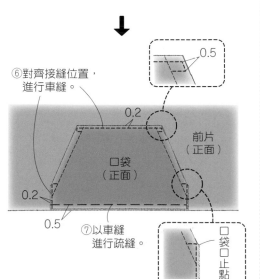

⑥ 對齊接縫位置，進行車縫。

⑦ 以車縫進行疏縫。

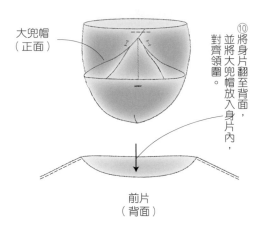

大兜帽（正面）

⑩ 將身片翻至背面，並將大兜帽放入身片內，對齊領圍。

前片（背面）

↓

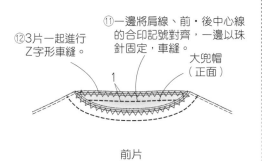

⑫ 3片一起進行Z字形車縫。

⑪ 一邊將肩線、前·後中心線的合印記號對齊，一邊以珠針固定，車縫。

大兜帽（正面）

1

前片（背面）

↓

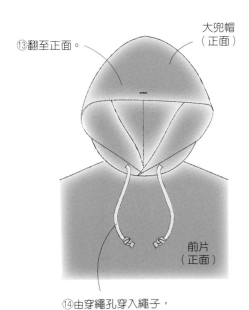

⑬ 翻至正面。

大兜帽（正面）

前片（正面）

⑭ 由穿繩孔穿入繩子，並將線端打單結。

中心線　　　⑤ 翻至正面。

大兜帽（正面）

↓

大兜帽（正面）

⑥ 一邊於中心線的位置上摺疊，一邊將大兜帽的右側放入內部。

將有穿繩孔的那一面作為表側

★　　☆

↓

1

⑨ 進行穿繩止縫（以細針目Z字形車縫等縫合）

2　中心

大兜帽（正面）

⑦ 使★與☆的位置交叉，對齊前中心線的合印記號位置，疊放上去。

☆　　★

0.5

⑧ 以車縫進行疏縫。

將左側朝上

4.製作&接縫大兜帽

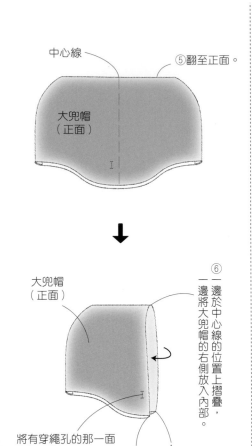

6

1.3

1.5

↓

3

2

大兜帽（背面）

① 畫上穿繩孔位置的記號，黏貼上接著襯。

↓

大兜帽（正面）

② 於穿繩孔位置開釦眼。

↓

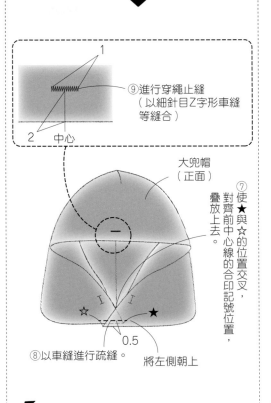

止縫點

③ 對摺。

大兜帽（背面）

④ 車縫。

1

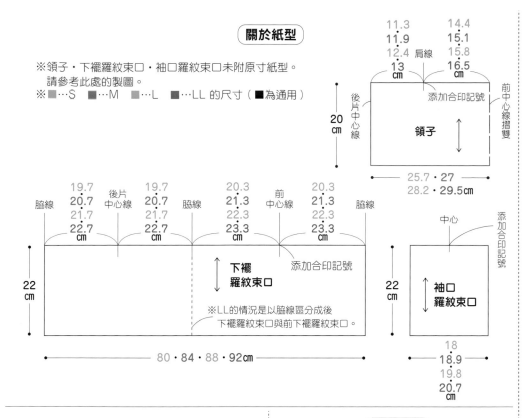

關於紙型

※領子・下襬羅紋束口・袖口羅紋束口未附原寸紙型。
　請參考此處的製圖。
※■…S ■…M ■…L ■…LL 的尺寸（■為通用）

後片中心線
前中心線摺雙

11.3　14.4
11.9　15.1
12.4　15.8
13　16.5
cm

添加合印記號

20cm

領子

25.7・27
28.2・29.5cm

脇線　19.7　後片中心線　19.7　脇線　20.3　前中心線　20.3　脇線
20.7　20.7　21.3　21.3
21.7　21.7　22.3　22.3
22.7　22.7　23.3　23.3
cm　cm　cm　cm

下襬羅紋束口

添加合印記號

22cm

※LL的情況是以脇線區分成後
下襬羅紋束口與前下襬羅紋束口。

80・84・88・92cm

中心
添加合印記號

22cm

袖口羅紋束口

18
18.9
19.8
20.7
cm

P.25　No.15 高領彈性上衣

材料

	S	M	L	LL
表布 寬155cm（裡起毛橫條紋布）	100cm	110cm	110cm	120cm
配布 寬45cm（短纖羅紋布）	60cm	60cm	60cm	90cm
針織布用接著襯 寬10cm	15cm			

※短纖羅紋布在「摺雙」狀態下平置時的寬幅為
　45cm。將「摺雙」打開後，形成1片的狀態下，
　則為寬90cm。

完成尺寸

	S	M	L	LL
胸圍	94cm	99cm	103cm	108cm
總長	58cm	59cm	61cm	62cm

原寸紙型　B面

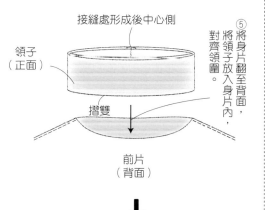

接縫處形成後中心側

領子（正面）

摺雙

前片（背面）

⑤將領子放入身片內，對齊領圍。將身片翻至背面，對齊領子。

⑥一邊將肩線、前・後中心線的合印記號對齊，一邊以珠針固定，車縫。

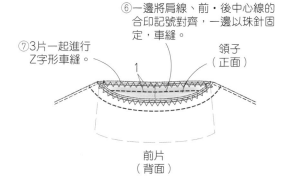

⑦3片一起進行Z字形車縫。

領子（正面）

前片（背面）

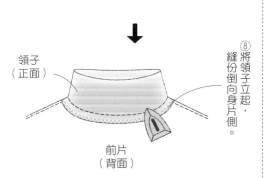

領子（正面）

前片（背面）

⑧將領子立起，縫份倒向身片側。

作法順序

※請於開始縫製之前，
先參閱P.58「關於針織布的縫製技法」。

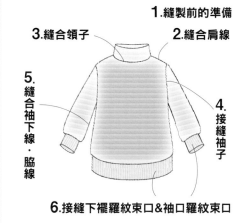

1.縫製前的準備
3.縫合領子　　**2.縫合肩線**
5.縫合袖下線・脇線　　**4.接縫袖子**
6.接縫下襬羅紋束口&袖口羅紋束口

※以步驟**3.**之外的作法，請參照P.68至P.69
進行製作。

3.接縫領子

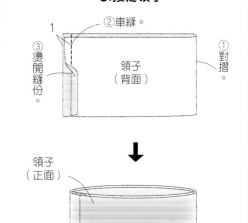

②車縫。

①對摺。

領子（背面）

③燙開縫份。

1

領子（正面）

④對摺。

摺雙

裁布圖

※附加1cm的縫份。

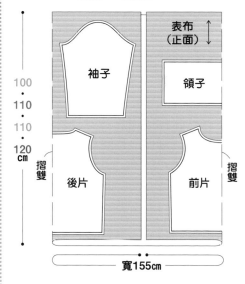

表布（正面）

袖子

領子

後片

前片

100・110・110・120cm

摺雙　摺雙

寬155cm

下襬羅紋束口※

羅紋束口　袖口　羅紋束口　袖口

配布（正面）

60・60・60・90cm

寬90cm

※將「摺雙」打開後，在一片的狀態下製作。
※LL為後下襬羅紋束口與前下襬羅紋束口2片。

2.縫合尖褶

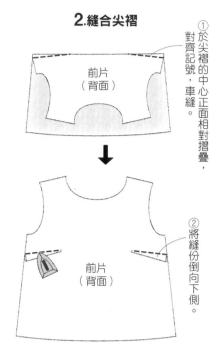

①於尖褶的中心正面相對摺疊，對齊記號，車縫。

前片（背面）

②將縫份倒向下側。

前片（背面）

3.製作＆接縫口袋

②車縫（防止綻線・以細針目縫合）。

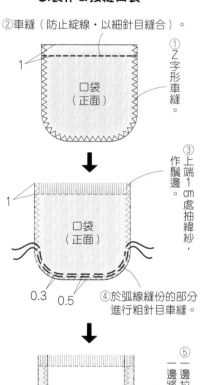

①Z字形車縫。

口袋（正面）

1

③作上端1cm處抽縐紗，作鬆邊。

口袋（正面）

1

0.3　0.5

④於弧線縫份的部分進行粗針目車縫。

⑤一邊拉緊粗針目車縫的上線，一邊將周圍的縫份摺入。

口袋（背面）

1

※邊端以回針縫縫牢。

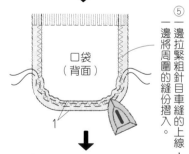

⑥對齊接縫位置，進行車縫。

口袋（正面）

前片（正面）

0.3

※另一片口袋亦以相同方式縫合。

裁布圖

※除了指定（●內的數字）之外，縫份皆為1cm。

※░░░ 處為背面黏貼接著襯的部件（請參照P.58）。

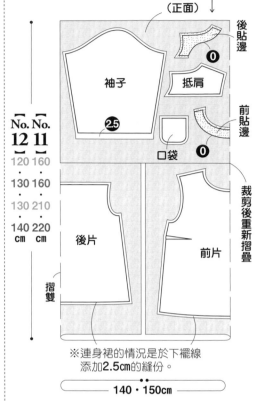

表布（正面）

後貼邊

袖子　抵肩　**0**

25　前貼邊　**0**

口袋

裁剪後重新摺疊

後片　前片

摺雙

	No. 12	No. 11
	120	160
	130	160
	130	210
	140	220
	cm	cm

※連身裙的情況是於下襬線添加2.5cm的縫份。

140・150cm

1.縫製前的準備

①於 ░░░ 的部分黏貼上接著襯（請參照P.58）。

前貼邊（背面）

後貼邊（背面）※2片

No. 11　　No. 12

P.22　**No.11**　粗花呢連身裙

材料

	S	M	L	LL
表布 寬140cm（毛圈軟呢）	160 cm	160 cm	210 cm	220 cm
接著襯 寬90cm		20cm		
圓鬆緊帶 寬0.3cm		5cm		
鈕釦 寬1cm		1個		

完成尺寸

	S	M	L	LL
胸圍	94cm	99cm	104cm	108cm
總長	96cm	99cm	101cm	104cm

原寸紙型 D面

P.23　**No.12**　粗花呢上衣

材料

	S	M	L	LL
表布 寬150cm（軟呢）	120 cm	130 cm	130 cm	140 cm
接著襯寬90cm		20cm		
圓鬆緊帶 寬0.3cm		5cm		
鈕釦 寬1cm		1個		

完成尺寸

	S	M	L	LL
胸圍	94cm	99cm	104cm	108cm
總長	59cm	60cm	62cm	64cm

原寸紙型 D面

作法順序

1.縫製前的準備

5.製作＆接縫貼邊

4.縫合肩線

No. 12

2.縫合尖褶

6.縫合後片的剪接線

7.接縫袖子

8.縫合袖下線・脇線

3.製作＆接縫口袋

Back style

9.縫製完成

No. 11

※ **No. 11** 作法亦同

⑧插入預留未縫的部分，並將預留未縫處車縫。

⑦將4cm圓鬆緊帶對摺。

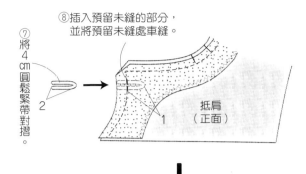

② 2

抵肩（正面）

1

↓

⑨翻至正面，整理形狀，車縫。

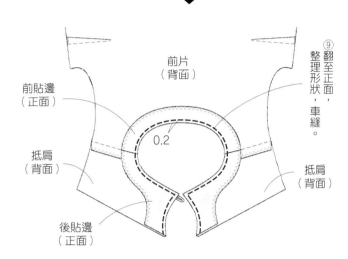

前片（背面）

前貼邊（正面）

抵肩（背面）

0.2

後貼邊（正面）

抵肩（背面）

6.縫合後片的剪接線

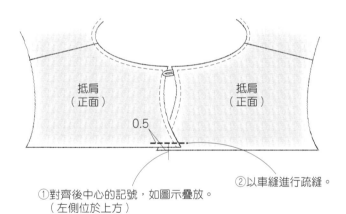

抵肩（正面）

抵肩（正面）

0.5

①對齊後中心的記號，如圖示疊放。（左側位於上方）

②以車縫進行疏縫。

↓

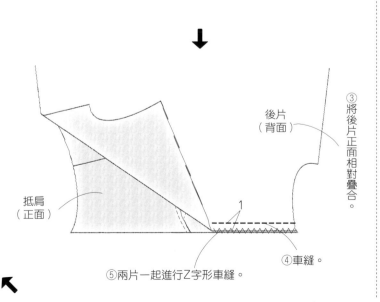

後片（背面）

③將後片正面相對疊合。

抵肩（正面）

1

⑤兩片一起進行Z字形車縫。

④車縫。

↖

4.縫合肩線

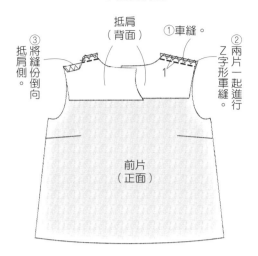

抵肩（背面）

①車縫。

抵肩側

③將縫份倒向抵肩側。

②兩片一起進行Z字形車縫。

1

前片（正面）

5.製作&接縫貼邊

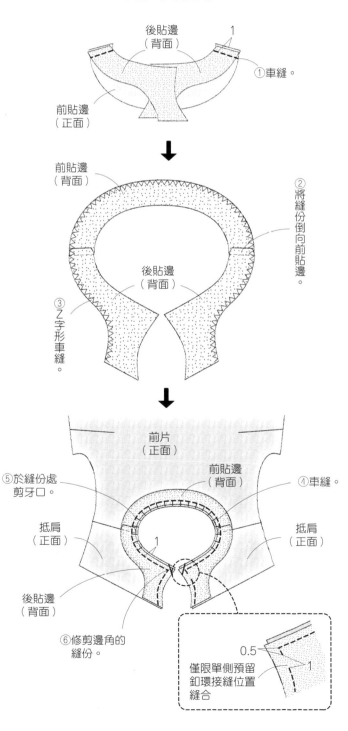

後貼邊（背面）

①車縫。

前貼邊（正面）

↓

前貼邊（背面）

②將縫份倒向前貼邊。

後貼邊（背面）

③Z字形車縫。

↓

前片（正面）

⑤於縫份處剪牙口。

前貼邊（背面）

④車縫。

抵肩（正面）

抵肩（正面）

1

後貼邊（背面）

⑥修剪邊角的縫份。

0.5

1

僅限單側預留釦環接縫位置縫合

↖

8.縫合袖下線・脇線

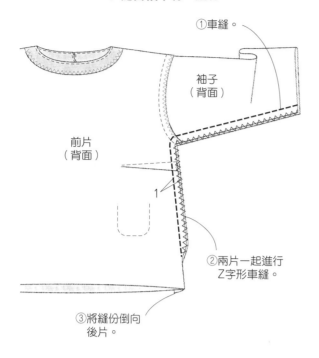

①車縫。

袖子
（背面）

前片
（背面）

1

②兩片一起進行
Ｚ字形車縫。

③將縫份倒向
後片。

※另一側亦以相同方式縫合。

9.縫製完成

①於後片
接縫鈕釦。

0.7

0.5

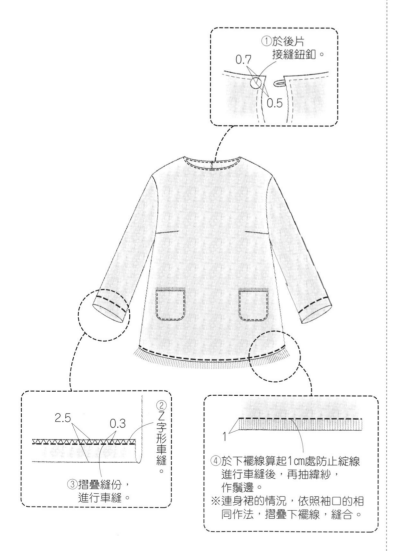

2.5　0.3

②Ｚ字形車縫。

③摺疊縫份，
進行車縫。

1

④於下襬線算起1cm處防止綻線
進行車縫後，再抽緯紗，
作鬚邊。
※連身裙的情況，依照袖口的相
同作法，摺疊下襬線，縫合。

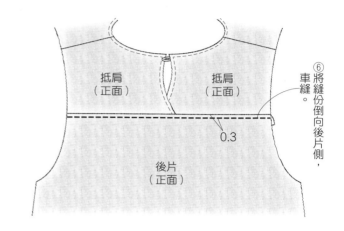

抵肩
（正面）

抵肩
（正面）

後片
（正面）

0.3

⑥將縫份倒向後片側，車縫。

7.接縫袖子

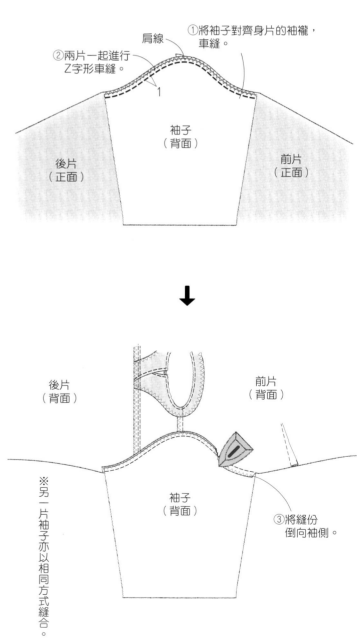

①將袖子對齊身片的袖襱，車縫。

肩線

②兩片一起進行
Ｚ字形車縫。

1

袖子
（背面）

後片
（正面）

前片
（正面）

後片
（背面）

前片
（背面）

袖子
（背面）

③將縫份倒向袖側。

※另一片袖子亦以相同方式縫合。

1.縫製前的準備

以針織布製作

① 於領圍處黏貼上布紋橫切的襯布條，並於前片的肩線黏貼上布紋縱切的襯布條（請參照P.58）。

約10cm　約10cm

前片（背面）

：布紋縱切的襯布條
：布紋橫切的襯布條

後片（背面）

① 於 〰〰〰 的部分進行Z字形車縫。

後片（正面）　前片（正面）

2.縫合領圍

※若使用針織布，請直接跳至作法 **3.**。

裁剪多餘縫份　① 車縫。　斜布條（背面）

0.6

前片（正面）

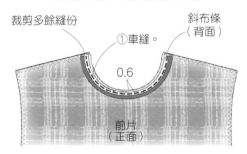

↓

③ 僅限縫份處剪牙口。　② 將斜布條立起，並將褶線攤開。

斜布條（背面）

※後片亦以相同方式縫合。

前片（背面）

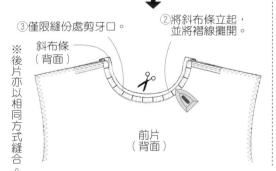

關於紙型

※作品No.21是將No.20的紙型長度改短之後使用。

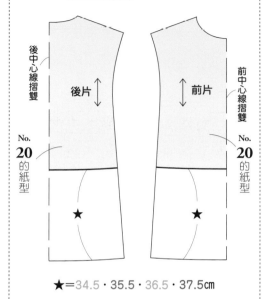

後中心線摺雙　後片　前片　前中心線摺雙

No.20的紙型　No.20的紙型

★=34.5・35.5・36.5・37.5cm

裁布圖

※除了指定（●內的數字）之外，縫份皆為1cm。

※☆…使用無伸縮彈性的布料時，請附上0.6cm的縫份，針織布則附上1.5cm的縫份。

表布（正面）

摺雙　☆　☆

No.21	No.20
70	110
70	110
80	120
80	120
cm	cm

後片　前片

摺雙

㉕　㉕

寬150・140cm

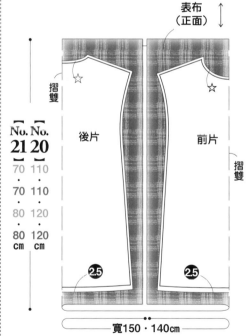

　No.20

　No.21

P.36　No.**20**　法國袖長版上衣

材料

	S	M	L	LL
表布 寬150cm（彈性蓬鬆絨毛布）	110cm	110cm	120cm	120cm
雙摺邊斜布條 寬1.2cm		80cm		

※使用針織布時，請準備寬90cm接著襯10cm（無斜布條）。

完成尺寸

	S	M	L	LL
胸圍	100cm	105cm	110cm	115cm
總長	96cm	98cm	101cm	103cm

原寸紙型 **C面**

P.37　No.**21**　包袖上衣

材料

	S	M	L	LL
表布 寬140cm（麻花針織布）	70cm	70cm	80cm	80cm
接著襯 寬90cm		10cm		

※使用無伸縮彈性的布料時，請準備寬1.2cm雙摺邊斜布條80cm（無接著襯）。

完成尺寸

	S	M	L	LL
胸圍	100cm	105cm	110cm	115cm
總長	61.5cm	62.5cm	64.5cm	65.5cm

原寸紙型 **C面**

作法順序

2.縫合領圍　　1.縫製前的準備

3.縫合肩線・脇線

4.縫製完成

No.21

※No.**21**　作法亦同

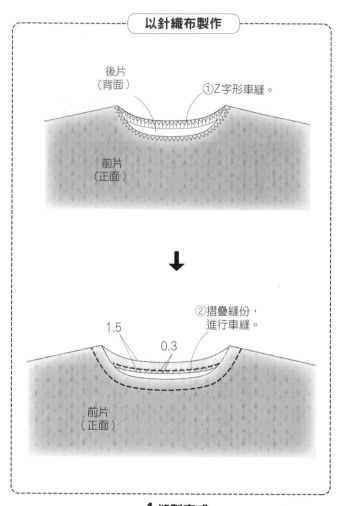

以針織布製作

後片
（背面）

①Z字形車縫。

前片
（正面）

②摺疊縫份，
進行車縫。

1.5

0.3

前片
（正面）

4.縫製完成

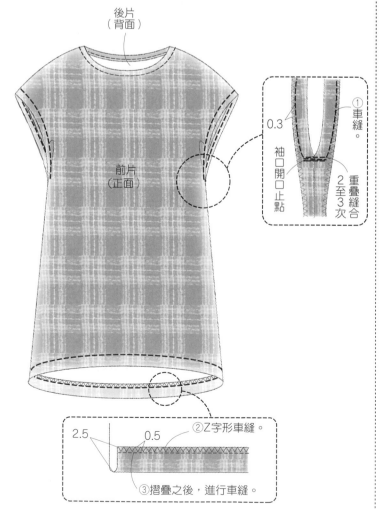

後片
（背面）

前片
（正面）

0.3

袖口開口止點

①車縫。

重疊縫合2至3次

2.5

0.5

②Z字形車縫。

③摺疊之後，進行車縫。

3.縫合肩線・脇線

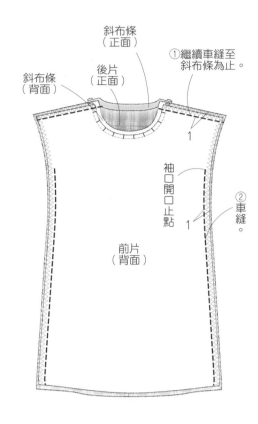

斜布條
（正面）

斜布條
（背面）

後片
（正面）

①繼續車縫至斜布條為止。

1

袖口開口止點

②車縫。

1

前片
（背面）

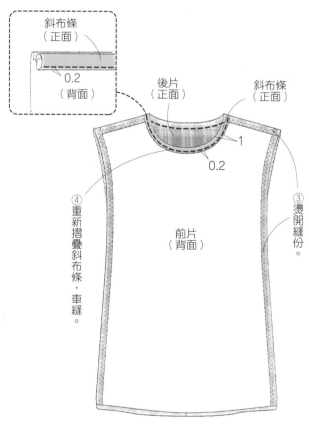

斜布條
（正面）

0.2

（背面）

後片
（正面）

斜布條
（正面）

1

0.2

④重新摺疊斜布條，車縫。

③燙開縫份。

前片
（背面）

關於紙型

※作品 No.**23**是將 No.**22**的紙型長度改短之後使用。
※袖口布未附原寸紙型。請參考此處的製圖。
※ ■…S ■…M ■…L ■…LL 的尺寸（■為通用）

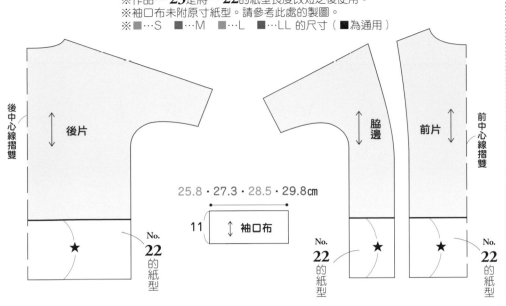

後中心線摺雙 後片

前中心線摺雙 前片

脇邊

25.8・27.3・28.5・29.8cm

11 ↕ 袖口布

No.**22** 的紙型 ★

No.**22** 的紙型 ★

No.**22** 的紙型 ★

★＝19.5・20・20.5・21cm

作法順序

2.縫合剪接線

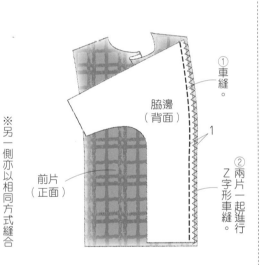

※另一側亦以相同方式縫合

脇邊（背面）

前片（正面）

1

① 車縫。

② 兩片一起進行Z字形車縫。

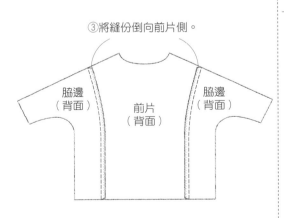

③將縫份倒向前片側。

脇邊（背面）　前片（背面）　脇邊（背面）

作法順序

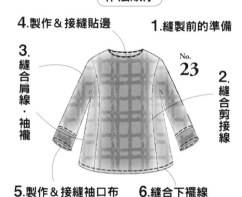

4.製作＆接縫貼邊

3.縫合肩線・袖襱

1.縫製前的準備

No.**23**

2.縫合剪接線

5.製作＆接縫袖口布　6.縫合下襬線

No.**22**

※ No.**22** 作法亦同

1.縫製前的準備

①於 ▥ 的部分黏貼上接著襯（請參照P.58）。

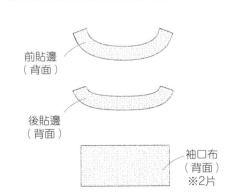

前貼邊（背面）

後貼邊（背面）

袖口布（背面）※2片

No.**22**　No.**23**

P.38　**No.22**　連袖長版上衣

材料

	S	M	L	LL
表布 寬140cm（布克勒毛圈羊毛布）	190cm	210cm	220cm	220cm
接著襯 寬90cm	30cm			

完成尺寸

	S	M	L	LL
胸圍	133cm	140cm	147cm	153cm
總長	80cm	82cm	84cm	86cm

原寸紙型 C面

P.39　**No.23**　連袖長版上衣

材料

	S	M	L	LL
表布 寬138cm（多臂緹花羊毛布）	150cm	170cm	180cm	180cm
接著襯 寬90cm	30cm			

完成尺寸

	S	M	L	LL
胸圍	133cm	140cm	147cm	153cm
總長	60.5cm	62cm	63.5cm	65cm

原寸紙型 C面

裁布圖

前貼邊

後貼邊

脇邊

前片

袖口布

後片

表布（正面）

No.**23** / No.**22**

150 / 190
·
170 / 210
·
180 / 220
·
180 / 220
cm / cm

摺雙

寬140・138cm

※ ▥ 處為背面黏貼接著襯的部件（請參照P.58）。

※除了指定（●內的數字）之外，縫份皆為1cm。

5.製作&接縫袖口布

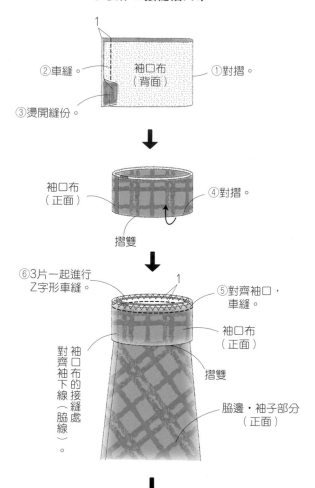

①對摺。
②車縫。
③燙開縫份。
袖口布（背面）

袖口布（正面）
④對摺。
摺雙

⑥3片一起進行Z字形車縫。
⑤對齊袖口，車縫。
袖口布（正面）
摺雙
對齊袖口布的接縫處
對齊袖下線的接縫處（脇線）。
脇邊・袖子部分（正面）

0.3
袖口布（正面）
⑧車縫。
0.3
⑦將袖口布立起，並將縫份倒向脇邊（袖子）。
脇邊・袖子部分（正面）

※另一片袖子亦以相同方式縫合。

6.縫合下襬線

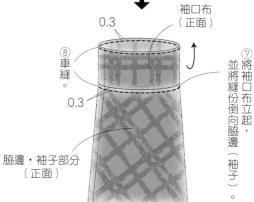

脇邊（正面）
前片（正面）

①依照1→1cm進行三摺邊車縫。

1

3.縫合肩線・脇線

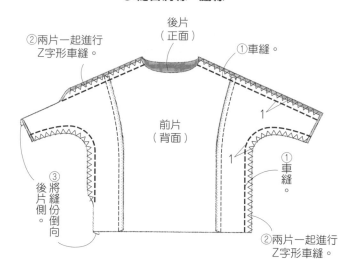

②兩片一起進行Z字形車縫。
後片（正面）
①車縫。
③將縫份倒向後片側。
前片（背面）
1
①車縫。
②兩片一起進行Z字形車縫。

4.製作&接縫貼邊

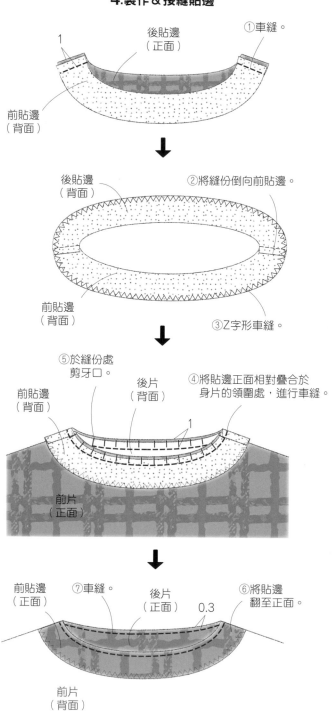

1
後貼邊（正面）
①車縫。
前貼邊（背面）

後貼邊（背面）
②將縫份倒向前貼邊。
前貼邊（背面）
③Z字形車縫。

⑤於縫份處剪牙口。
前貼邊（背面）
後片（背面）
④將貼邊正面相對疊合於身片的領圍處，進行車縫。
1
前片（正面）

前貼邊（正面）
⑦車縫。
後片（正面）
0.3
⑥將貼邊翻至正面。
前片（背面）

2.縫合肩線

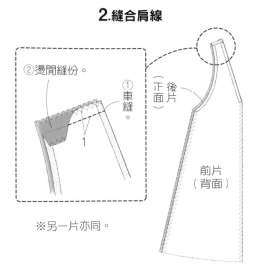

②燙開縫份。

①車縫。

正 後
面 片

1

前片
（背面）

※另一片亦同。

3.縫合領圍・袖襱

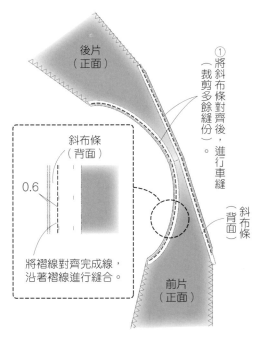

後片
（正面）

①將斜布條對齊後，進行車縫（裁剪多餘縫份）。

斜布條
（背面）

0.6

斜布條
（背面）

前片
（正面）

將褶線對齊完成線，沿著褶線進行縫合。

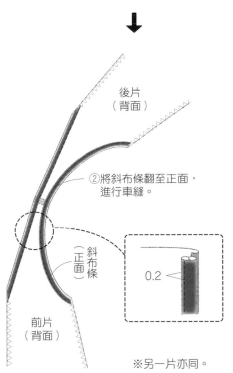

後片
（背面）

②將斜布條翻至正面，進行車縫。

斜布條
（正面）

前片
（背面）

斜布條
（正面）

0.2

※另一片亦同。

裁布圖

※除了指定（●內的數字）之外，縫份皆為1cm。

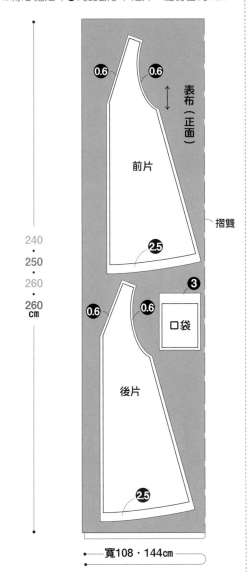

0.6　0.6

表布（正面）

前片

摺雙

2.5

❸

口袋

0.6　0.6

後片

2.5

240・250・260・260 cm

寬108・144cm

1.縫製前的準備

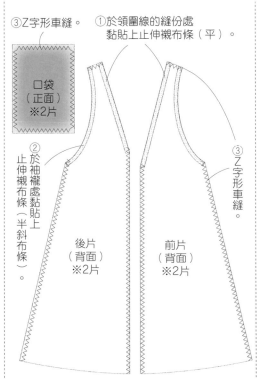

③Z字形車縫。

①於領圍線的縫份處黏貼上止伸襯布條（平）。

口袋（正面）※2片

②於袖襱處黏貼上止伸襯布條（半斜布條）。

③Z字形車縫。

後片（背面）※2片

前片（背面）※2片

No. 24

No. 25

P.40・P.41　No.24・No.25

V領連身裙

材料

	S	M	L	LL
表布 寬108・144cm（燈芯絨・羊毛布）	240cm	250cm	260cm	260cm
襯布條（平）寬1cm	150cm			
襯布條（HB半斜布條）寬1cm	170cm			
雙摺邊斜布條 寬1.2cm	330cm			

完成尺寸

	S	M	L	LL
胸圍	90cm	94cm	98cm	103cm
總長	112cm	115cm	118cm	120.5cm

原寸紙型　D面

【製　圖】

※口袋未附原寸紙型。
　請參考此處的製作。
※■…S ■…M ■…L ■…LL 的尺寸

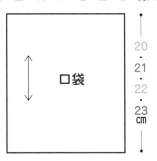

口袋

20・21・22・23 cm

17・18・18.9・19.8cm

作法順序

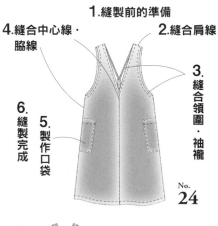

1.縫製前的準備

4.縫合中心線・脇線

2.縫合肩線

3.縫合領圍・袖襱

6.縫製完成

5.製作口袋

No.24

No.25

※No.25 作法亦同

80

5.製作口袋

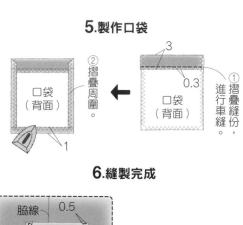

口袋（背面）
②摺疊周圍。

口袋（背面）
3
0.3
①摺疊縫份，進行車縫。

1

6.縫製完成

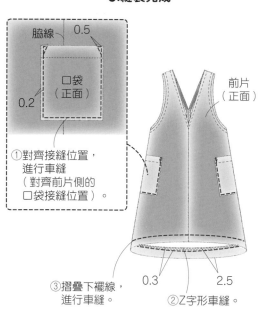

脇線
0.5
口袋（正面）
0.2

①對齊接縫位置，進行車縫（對齊前片側的口袋接縫位置）。

前片（正面）

③摺疊下襬線，進行車縫。
0.3　2.5
②Z字形車縫。

4.縫合中心線・脇線。

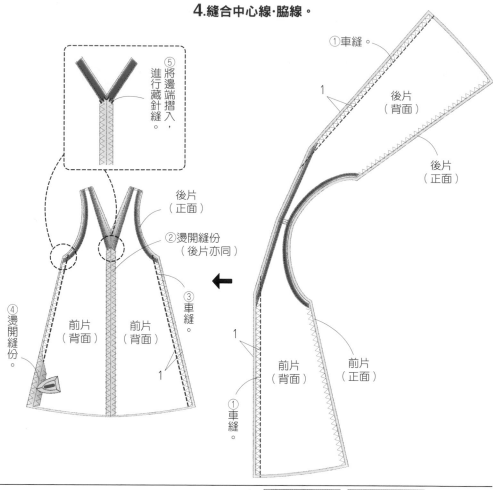

⑤將邊端摺入，進行藏針縫。

後片（正面）

②燙開縫份（後片亦同）

③車縫。

④燙開縫份。

前片（背面）　前片（背面）

前片（正面）

1

①車縫。

後片（背面）

後片（正面）

前片（背面）　前片（正面）

①車縫。

1

裁布圖

※除了指定（●內的數字）之外，縫份皆為1cm。

脇邊布

後褲管

表布（正面）

180・180・190・190 cm

摺雙

腰帶（1片）

前褲管

❷

❷

配布（正面）

35 cm

袋身

摺雙

寬50cm

寬133・140cm

● 作法請見下一頁。

作法順序

5.製作&接縫腰帶

4.縫合股上線

3.縫合脇線・股下線

2.製作口袋

1.縫製前的準備

No. 27

6.縫製完成

No. 26

※ No.26 作法亦同

P.42・P.43　No.26・No.27

寬版褲

材料

	S	M	L	LL
表布 寬133・140cm（法蘭絨・縲縈纖維布）	180cm	180cm	190cm	190cm
配布 寬50cm（平織布）	35cm			
止伸襯布條(平)寬1cm	50cm			
鬆緊帶 寬3cm	70cm	80cm	80cm	80cm

完成尺寸

	S	M	L	LL
胸圍	67cm	70cm	74cm	77cm
臀圍	113cm	119cm	125cm	130cm
總長	82cm	84cm	86cm	88cm

原寸紙型 D面

※腰帶未附原寸紙型。請參考此處製圖。
※ ■…S ■…M ■…L ■…LL 的尺寸（■為通用）

【製 圖】

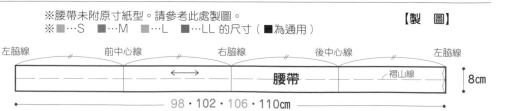

左脇線　前中心線　右脇線　後中心線　左脇線
腰帶　褶山線
8cm
98・102・106・110cm

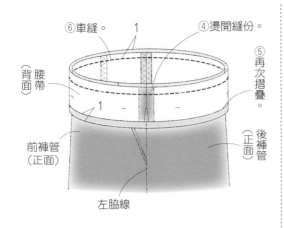

⑥車縫。　1　④燙開縫份。
⑤再次摺疊。
（背面）腰帶
前褲管（正面）　後褲管（正面）
1
左脇線

↓

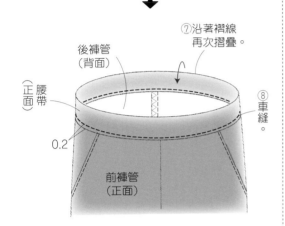

⑦沿著褶線再次摺疊。
後褲管（背面）
（正面）腰帶
⑧車縫。
0.2
前褲管（正面）

6.縫製完成

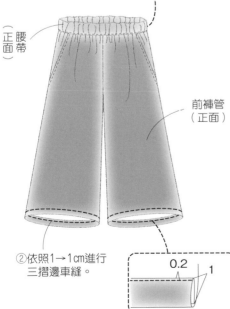

①由鬆緊帶穿入口穿入鬆緊帶（69・72・76・79cm），重疊2cm後，進行車縫。
2
後褲管（背面）　前褲管（背面）

（正面）腰帶
前褲管（正面）

②依照1→1cm進行三摺邊車縫。

0.2　1

3.縫合脇線・股下線

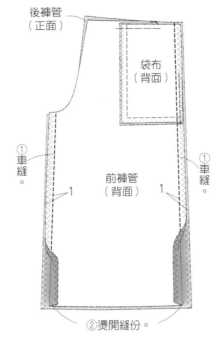

後褲管（正面）
袋布（背面）
①車縫。　1
前褲管（背面）
①車縫。　1

②燙開縫份。

※另一片褲管亦以相同方式製作。

4.縫合股上線

①將其中一邊翻至正面，放入另一邊之中。

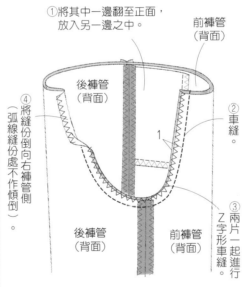

前褲管（背面）
後褲管（背面）
④將縫份倒向右褲管側（弧線縫份處不作傾倒）。
②車縫。　1
後褲管（背面）　前褲管（背面）
③兩片一起進行Z字形車縫。

5.製作 & 接縫腰帶

①於完成線上摺疊，作出褶線。

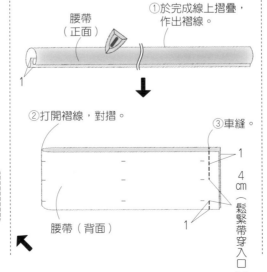

腰帶（正面）
1

②打開褶線，對摺。

③車縫。
1
4cm（鬆緊帶穿入口）
腰帶（背面）　1

1.縫製前的準備

①將襯布條黏貼於口袋口。

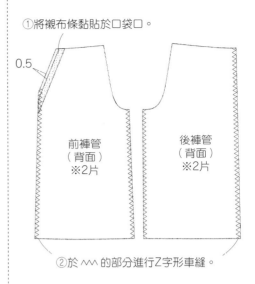

0.5
前褲管（背面）※2片　後褲管（背面）※2片

②於 ∧∧∧ 的部分進行Z字形車縫。

2.製作口袋

①車縫。
1
袋布（背面）
前褲管（正面）

↓

②一邊將袋身往後退縮0.2cm，一邊翻至正面。

袋布（正面）　0.2

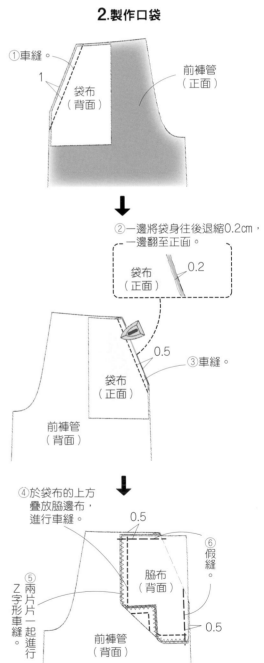

0.5
袋布（正面）
③車縫。
前褲管（背面）

④於袋布的上方疊放脇邊布，進行車縫。
0.5
⑤兩片一片一起進行Z字形車縫
脇布（背面）
⑥假縫。
前褲管（背面）
0.5

※另一片褲管亦以相同方式製作。

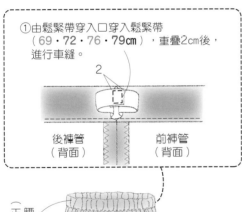

82

2.製作褲身部分

①參照P.82步驟 **1.~4.** ，製作褲子部分。

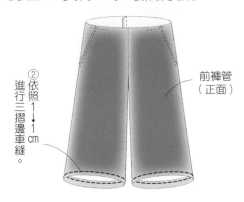

② 依照 1 ↓ 1 ㎝ 進行三摺邊車縫。

前褲管（正面）

3.縫合剪接部分

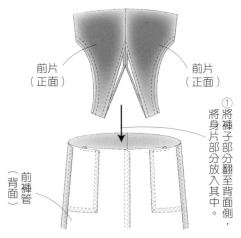

前片（正面）
前片（正面）
前褲管（背面）

① 將褲子部分翻至背面側，將身片部分放入其中。

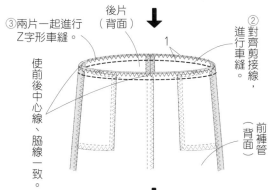

後片（背面）
③兩片一起進行Z字形車縫。
1
使前後中心線、脇線一致。
前褲管（背面）

② 對齊剪接線，進行車縫。

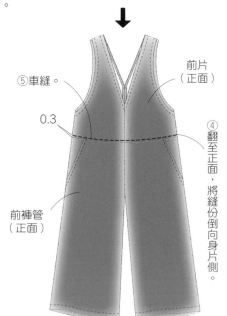

⑤車縫。
0.3
前褲管（正面）
前片（正面）
④ 翻至正面，將縫份倒向身片側。

※除了指定（●內的數字）之外，縫份皆為1㎝。

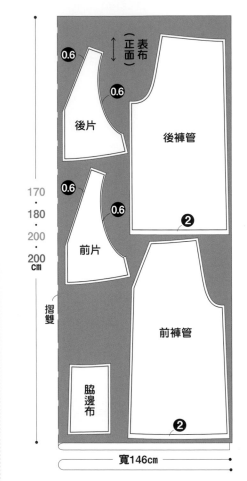

（正面）表布
0.6
0.6
後片
後褲管
170・180・200・200 ㎝
0.6
0.6
前片
後褲管 ❷
摺雙
前褲管
脇邊布
❷
寬146㎝

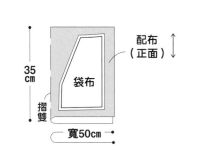

35㎝
配布（正面）
袋布
摺雙
寬50㎝

1.製作身片部分

①參照P.80-P.81步驟 **1.~4.** ，製作身片部分。

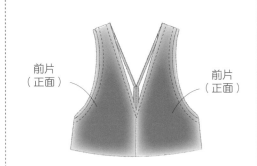

前片（正面）
前片（正面）

No. 29

P.45 No. **29** V領連身褲

材料

	S	M	L	LL
表布 寬146cm（燈芯絨）	170cm	180cm	200cm	200cm
配布 寬50cm（平織布）		35cm		
襯布條（平）寬1cm		210cm		
襯布條（HB半斜布條）寬1cm		170cm		
雙摺邊斜布條寬1.2cm		330cm		

完成尺寸

	S	M	L	LL
胸圍	90cm	94cm	98cm	103cm
臀圍	113cm	119cm	125cm	130cm
總長	123.5cm	127cm	130cm	133cm

原寸紙型 **D面**

關於紙型

※身片部分使用No.**24**・No.**25**的紙型，褲身部分使用No.**26**・No.**27**的紙型。

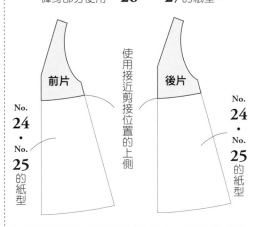

前片
後片
No. **24**・No. **25** 的紙型
使用接近剪接位置的上側
No. **24**・No. **25** 的紙型

作法順序

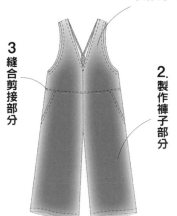

1.製作身片部分
3 縫合剪接部分
2.製作褲子部分

3.縫合下襬線

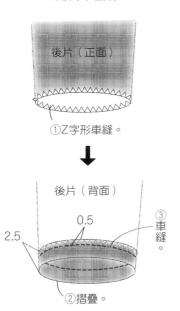

後片（正面）

①Z字形車縫。

※另一邊亦以相同方式縫合。

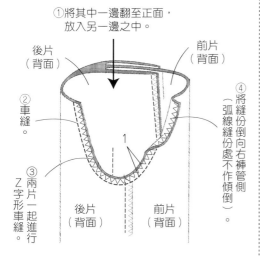

後片（背面）

2.5　0.5　③車縫。

②摺疊。

4.縫合股上線

①將其中一邊翻至正面，放入另一邊之中。

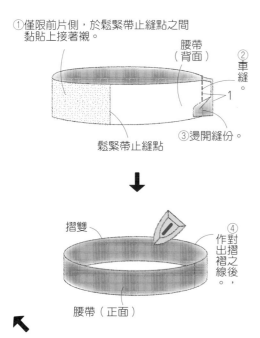

後片（背面）　前片（背面）

②車縫。

④將縫份倒向右褲管側（弧線縫份處不作傾倒）。

③兩片一起進行Z字形車縫。

後片（背面）　前片（背面）

1

5.接縫腰帶

①僅限前片側，於鬆緊帶止縫點之間黏貼上接著襯。

腰帶（背面）

②車縫。

③燙開縫份。

鬆緊帶止縫點

摺雙

④作對出摺雙線之後，

腰帶（正面）

作法順序

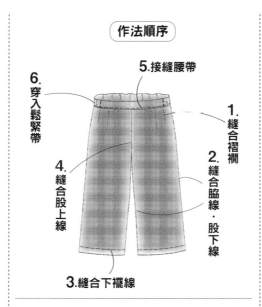

6.穿入鬆緊帶

5.接縫腰帶

1.縫合褶襉

4.縫合股上線

2.縫合脇線·股下線

3.縫合下襬線

1.縫合褶襉

①摺疊褶襉，以車縫進行疏縫。

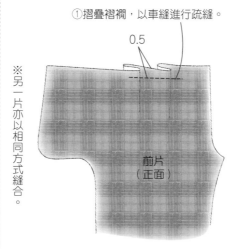

0.5

※另一片亦以相同方式縫合。

前片（正面）

2.縫合脇線·股下線

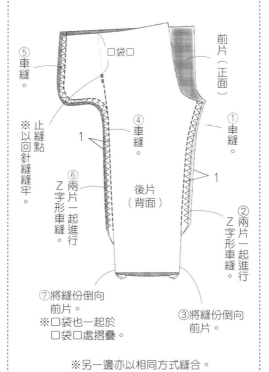

⑤車縫。

口袋口

前片（正面）

※以回針縫縫牢。

止縫點

④車縫。

①車縫。

1

⑥兩片一起進行Z字形車縫。

後片（背面）

②Z字形車縫。

③將縫份倒向前片。

1

⑦將縫份倒向前片。

※口袋也一起於口袋口處摺疊。

※另一邊亦以相同方式縫合。

No.28

P.44　No.28　褶襉褲

材料

	S	M	L	LL
表布 寬144cm（T/R起毛布）	200cm	200cm	200cm	210cm
接著襯 寬50cm	10cm			
鬆緊帶 寬3cm	50cm			

完成尺寸

	S	M	L	LL
腰圍	70cm	74cm	78cm	82cm
臀圍	116cm	122cm	130cm	136cm
總長	88cm	90cm	95cm	94cm

原寸紙型 B面

裁布圖

※除了指定（●內的數字）之外，縫份皆為1cm。

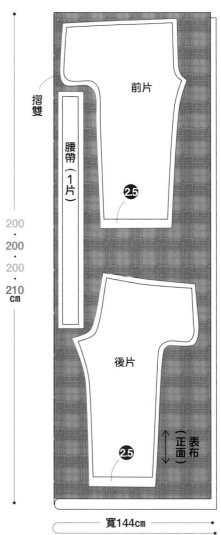

摺雙

前片

腰帶（1片）

②5

200·200·200·210cm

後片

②5

正面表布

寬144cm

6.穿入鬆緊帶

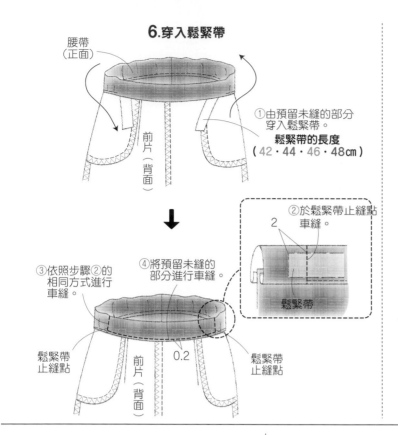

①由預留未縫的部分穿入鬆緊帶。
鬆緊帶的長度（42・44・46・48cm）

腰帶（正面）
前片（背面）

②於鬆緊帶止縫點車縫。

③依照步驟②的相同方式進行車縫。

④將預留未縫的部分進行車縫。

鬆緊帶

鬆緊帶止縫點
前片（背面）
0.2
鬆緊帶止縫點

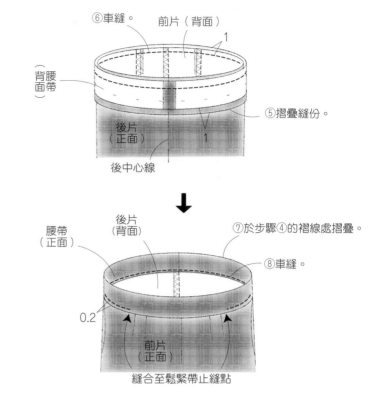

⑥車縫。
前片（背面）
背腰帶
⑤摺疊縫份。
後片（正面）
後中心線

腰帶（正面）
後片（背面）
⑦於步驟④的褶線處摺疊。
⑧車縫。
0.2
前片（正面）
縫合至鬆緊帶止縫點

2.對齊後中心，進行縫合

①對摺。
★ ◇
本體（正面）

②掀開前側的布片，翻至背面。

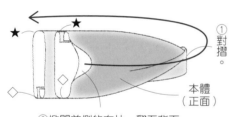

★
本體（正面）
本體（背面）

③車縫。
1
返口（約9cm）
本體（背面）

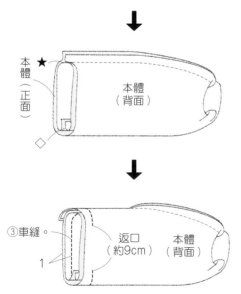

④由返口翻至正面，進行藏針縫。
本體（正面）
本體（正面）

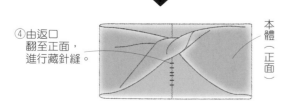

裁布圖

※未附原寸紙型。
　請依照標示的尺寸進行裁剪。
※一律為原寸裁剪（包含縫份部分）。

表布（正面）

100
本體
29
60cm
摺雙
寬110～150cm

1.縫合周圍

①對摺之後，進行車縫。
1
本體（背面）

②翻至正面，整理輪廓。
本體（正面）

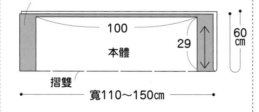

③扭轉1次。
本體（正面）
★
★
◇
本體（正面）

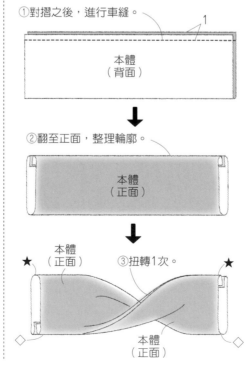

No.42　　No.43

P.55　No.**42**　脖圍
P.55　No.**43**　脖圍

材料

表布 寬110～150cm（絨毛布・羊毛布）	60cm

完成尺寸

筒圍	98cm	高度	27cm

作法順序

2.對齊後中心，進行縫合

1.縫合周圍

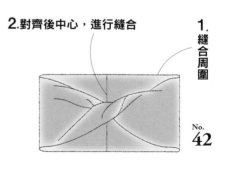

No.**42**

※No.**43**作法亦同

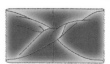

No.**43**

2.縫合脇線

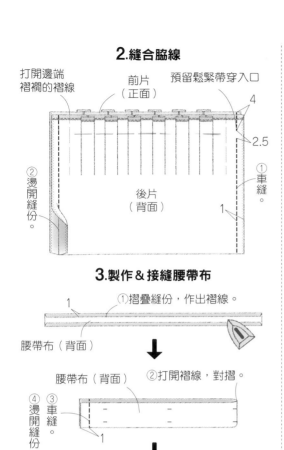

打開邊端褶襇的褶線

前片（正面）

預留鬆緊帶穿入口

①車縫。

②燙開縫份。

後片（背面）

4
2.5
1

3.製作＆接縫腰帶布

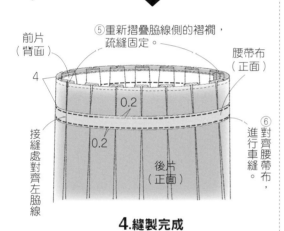

①摺疊縫份，作出褶線。

腰帶布（背面）

1

②打開褶線，對摺。

腰帶布（背面）

③車縫。

④燙開縫份。

1

⑤重新摺疊脇線側的褶襇，疏縫固定。

前片（背面）

腰帶布（正面）

4

0.2

0.2

後片（正面）

接縫處對齊左脇線

⑥對齊腰帶布，進行車縫。

4.縫製完成

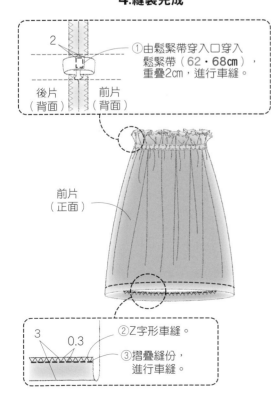

2

①由鬆緊帶穿入口穿入鬆緊帶（62・68cm），重疊2cm，進行車縫。

後片（背面）　前片（背面）

前片（正面）

5

3
0.3

②Z字形車縫。

③摺疊縫份，進行車縫。

裁布圖

※除了指定（●內的數字）之外，縫份皆為1cm。

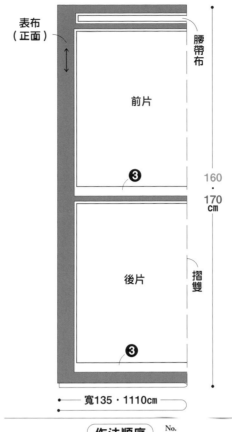

表布（正面）

腰帶布

前片

❸

後片

摺雙

❸

160・170 cm

寬135・1110cm

作法順序　No.30

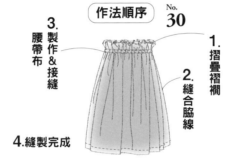

3.製作＆接縫腰帶布

1.摺疊褶襇

2.縫合脇線

4.縫製完成

※ No.31 作法亦同

1.摺疊褶襇

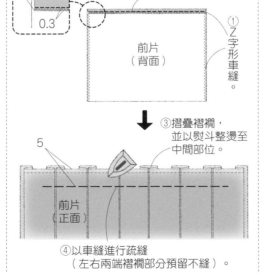

1

0.3

②摺疊上端，進行車縫。

前片（背面）

①Z字形車縫。

③摺疊褶襇，並以熨斗整燙至中間部位。

5

前片（正面）

④以車縫進行疏縫（左右兩端褶襇部分預留不縫）。

※後片亦以相同方式製作。

No. 30　No. 31

P.46・P.47　No. 30・No. 31

褶襇裙

材料

	M	LL
表布 寬135・110cm（細燈芯絨・壓縮羊毛布）	160 cm	170 cm
鬆緊帶 寬1.5cm	70cm	

完成尺寸

	M	LL
腰圍	60cm	66cm
總長	69cm	72.5cm

關於紙型

※未附原寸紙型。
　請參考此處的製圖。
※■…M　■…LL 的尺寸（■為通用）

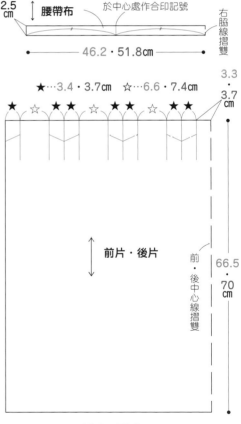

2.5 cm　腰帶布　於中心處作合印記號

右脇線摺雙

46.2・51.8cm

★…3.4・3.7cm　☆…6.6・7.4cm

3.3・3.7cm

★ ☆ ★ ★ ☆ ★ ★ ☆ ★ ★

前片・後片

前・後中心線摺雙

66.5・70 cm

46.9・51.8cm

褶襇的摺疊方法

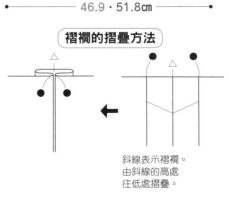

斜線表示褶襇。由斜線的高處往低處摺疊。

關於紙型

※未附原寸紙型。請參考此處的製圖。
※■…S ■…M ■…L ■…LL 的尺寸（■為通用）

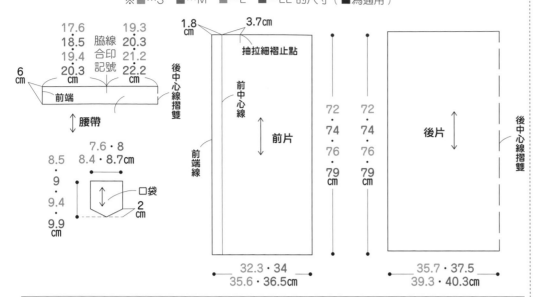

		脇線		
17.6			19.3	
18.5			20.3	
19.4			21.2	
20.3 cm		合印記號	22.2 cm	

6 cm

前端 ← 後中心線摺雙

↕ 腰帶

7.6・8
8.5 ・8.4・8.7cm
・9
・9.4
・9.9 cm

口袋
2 cm

1.8 cm　3.7cm

抽拉細褶止點

前中心線

↑ 前片

前端線

後中心線摺雙

72・74・76・79 cm　72・74・76・79 cm

後片

後中心線摺雙

32.3・34
35.6・36.5cm

35.7・37.5
39.3・40.3cm

P.48・P.49　**No. 32・No. 33**
2WAY細褶裙

材料

	S	M	L	LL
表布 寬134・110cm（綾織布・細燈芯絨）	180cm	180cm	180cm	190cm
接著襯 寬90cm		100cm		
鈕釦 寬1.8cm		6個		

完成尺寸

	S	M	L	LL
腰圍	70cm	74cm	77.5cm	81.5cm
總長	75cm	77cm	79cm	82cm

2.製作前片裙身

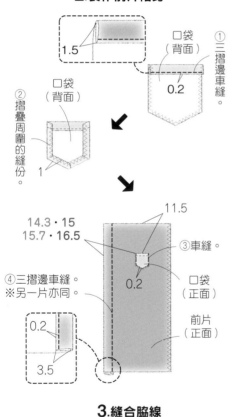

1.5

口袋（背面）　① 三摺邊車縫。

口袋（背面）　0.2

② 摺疊周圍的縫份。

口袋（背面）　1

14.3・15
15.7・16.5

11.5

③車縫。

0.2

口袋（正面）

前片（正面）

④三摺邊車縫。
※另一片亦同。

0.2

3.5

3.縫合脅線

①進行粗針目車縫。

0.3
0.5

後片（背面）

抽拉細褶止點

0.3
0.5

前片（背面）※2片

作法順序

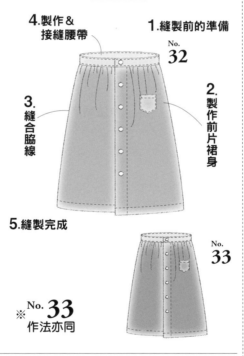

4.製作＆接縫腰帶

1.縫製前的準備

No. 32

3.縫合脅線

2.製作前片裙身

5.縫製完成

No. 33

※ No. 33 作法亦同

1.縫製前的準備

① ▨▨ 於口的部分黏貼上接著襯（請參照P.58）。

② 於 ∧∧∧ 的部分進行拷克（鋸齒縫）。

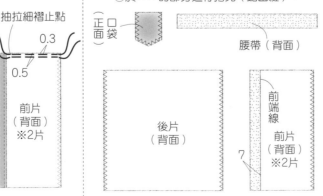

正面 口袋

後片（背面）

腰帶（背面）

前端線

前片（背面）※2片

7

裁布圖

※除了指定（●內的數字）之外，縫份皆為1cm。
※ ▨▨ 處為背面黏貼接著襯的部件（請參照P.58）。

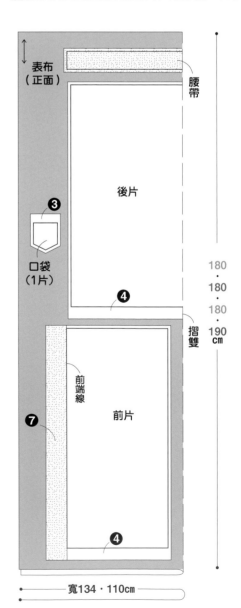

表布（正面）

腰帶

後片

❸ 口袋（1片）

❹

前端線

前片

❼

❹

180・180・180・190cm

摺雙

寬134・110cm

5.縫製完成

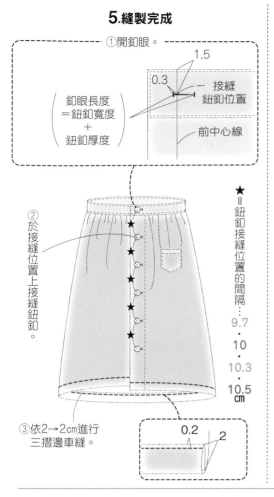

①開釦眼。

1.5
0.3
接縫
鈕釦位置

（ 鈕眼長度
＝鈕釦寬度
＋鈕釦厚度 ）

前中心線

②於接縫位置上接縫鈕釦。

★＝鈕釦接縫位置的間隔
9.7
・
10
・
10.3
・
10.5
cm

③依2→2cm進行三摺邊車縫。

0.2　2

⑤一邊拉緊粗針目車縫的上線，
抽拉細褶，一邊對齊腰帶的合印記號，
並以珠針固定。

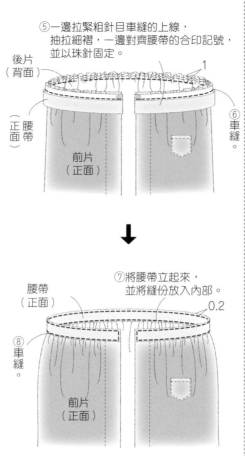

後片
（背面）

正面 腰帶

前片
（正面）

1

⑥車縫。

⑦將腰帶立起來，
並將縫份放入內部。

腰帶
（正面）

0.2

⑧車縫

前片
（正面）

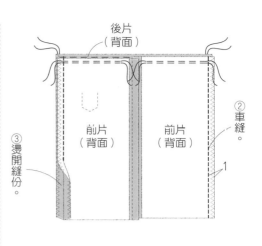

後片
（背面）

前片
（背面）　前片
（背面）

②車縫。

③燙開縫份。

1

4.製作＆接縫腰帶

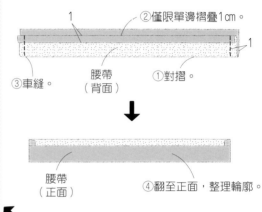

1
②僅限單燙摺疊1cm。
1
③車縫。
腰帶
（背面）
①對摺。

腰帶
（正面）
④翻至正面，整理輪廓。

裁布圖

※除了指定（●內的數字）之外，縫份皆為1.5cm。

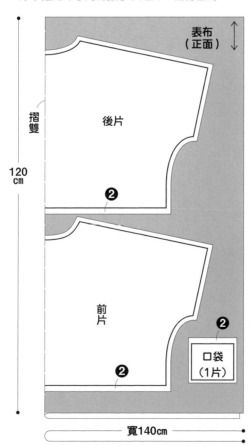

表布
（正面）

摺雙

後片

❷

前片

❷

❷

口袋
（1片）

❷

120
cm

寬140cm

No.
34

P.50　No.34　五分袖上衣

材料

表布 寬140cm （羊毛針織布）	120cm
接著襯 寬90cm	15cm

完成尺寸（Free size）

胸圍	158cm
總長	54.5cm

※未附原寸紙型。請參考P.89的製圖。

作法順序

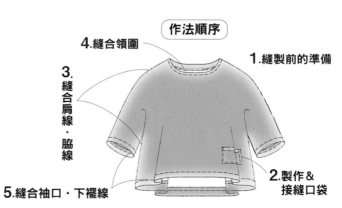

4.縫合領圍

1.縫製前的準備

3.縫合肩線・脇線

2.製作＆接縫口袋

5.縫合袖口・下襬線

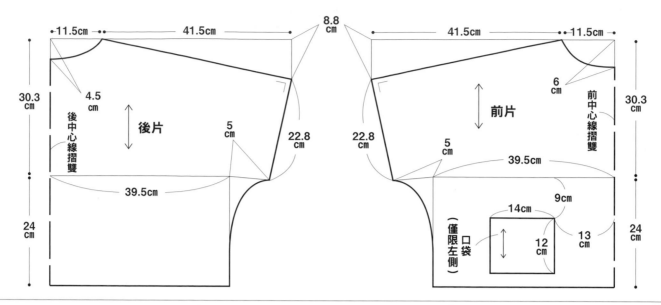

4.縫合領圍

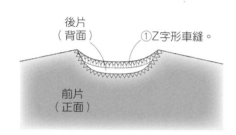

後片（背面）
①Z字形車縫。
前片（正面）

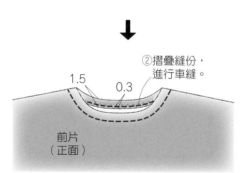

1.5　0.3
②摺疊縫份，進行車縫。
前片（正面）

5.縫合袖口・下襬線

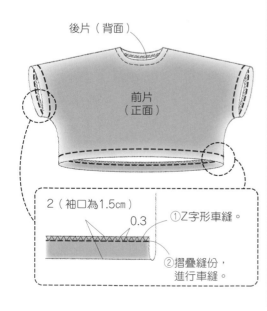

後片（背面）
前片（正面）
2（袖口為1.5cm）
0.3
①Z字形車縫。
②摺疊縫份，進行車縫。

2.製作 & 接縫口袋

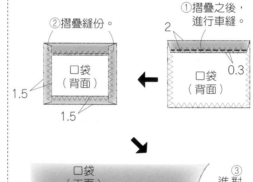

①摺疊之後，進行車縫。
②摺疊縫份。
口袋（背面）
口袋（背面）
0.3
1.5
1.5

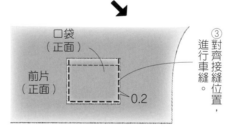

口袋（正面）
前片（正面）
③對齊接縫位置，進行車縫。
0.2

3.縫合肩線・脇線

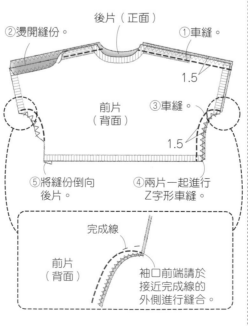

②燙開縫份。
後片（正面）
①車縫。
前片（背面）
1.5
③車縫。
1.5
⑤將縫份倒向後片。
④兩片一起進行Z字形車縫。
完成線
前片（背面）
袖口前端請於接近完成線的外側進行縫合。

1.縫製前的準備

①於袖口・領圍・下襬線・口袋口處黏貼上布紋橫切的襯布條，並於前片的肩線黏貼上布紋縱切的襯布條（請參照P.58）。

…布紋橫切的襯布條　　口袋（背面）
…布紋縱切的襯布條

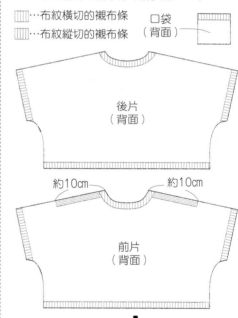

後片（背面）
約10cm　　約10cm
前片（背面）

②於肩線・口袋的周圍進行Z字形車縫。
口袋（正面）

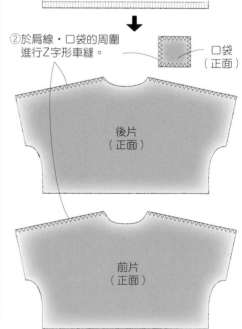

後片（正面）
前片（正面）

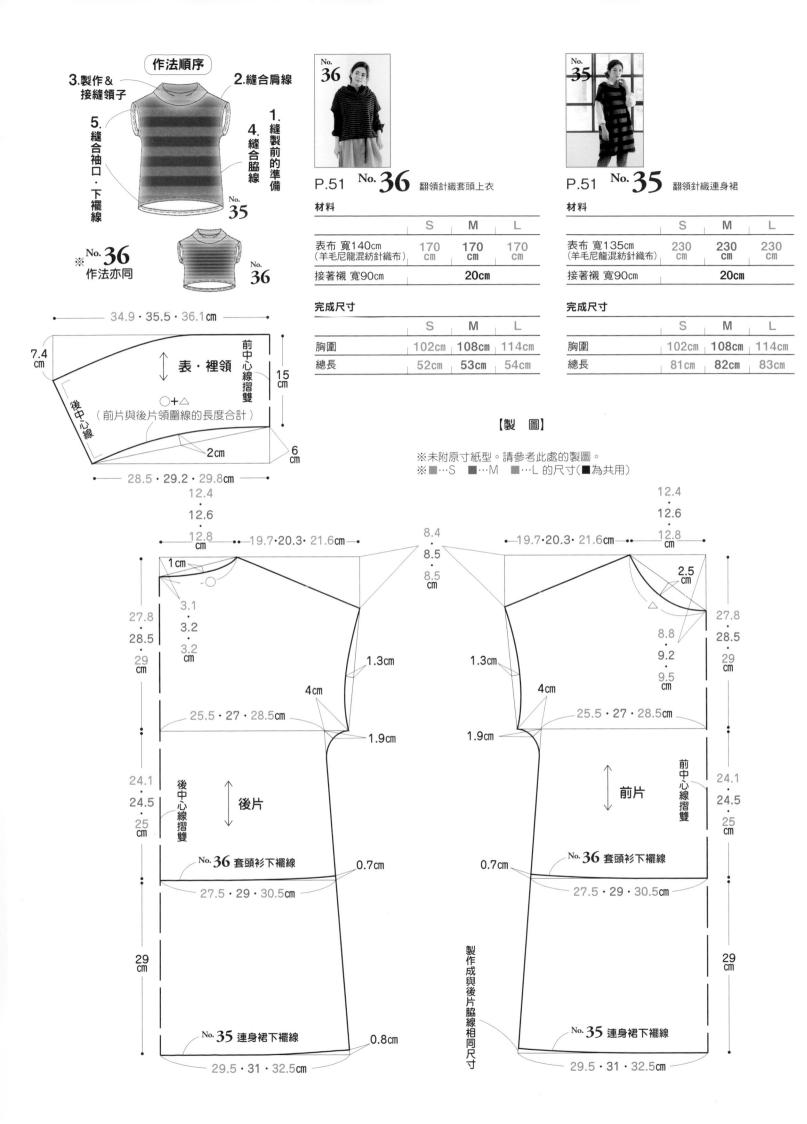

作法順序

3. 製作＆
接縫領子

2. 縫合肩線

5. 縫合袖口・
下襬線

1. 縫製前的準備

4. 縫合脇線

No.35

※ No.36 作法亦同

No.36

34.9・35.5・36.1cm

7.4cm

表・裡領

前中心線摺雙

15cm

○+△
（前片與後片領圍線的長度合計）

後中心線

2cm

6cm

28.5・29.2・29.8cm

	S	M	L

P.51 **No.36** 翻領針織套頭上衣

材料

	S	M	L
表布 寬140cm（羊毛尼龍混紡針織布）	170 cm	**170 cm**	170 cm
接著襯 寬90cm		**20cm**	

完成尺寸

	S	M	L
胸圍	102cm	**108cm**	114cm
總長	52cm	**53cm**	54cm

P.51 **No.35** 翻領針織連身裙

材料

	S	M	L
表布 寬135cm（羊毛尼龍混紡針織布）	230 cm	**230 cm**	230 cm
接著襯 寬90cm		**20cm**	

完成尺寸

	S	M	L
胸圍	102cm	**108cm**	114cm
總長	81cm	**82cm**	83cm

【製 圖】

※未附原寸紙型。請參考此處的製圖。
※■…S ■…M ■…L 的尺寸（■為共用）

12.4・12.6・12.8cm

19.7・20.3・21.6cm

8.4・8.5・8.5cm

1cm

3.1・3.2・3.2cm

27.8・28.5・29cm

1.3cm

4cm

25.5・27・28.5cm

1.9cm

24.1・24.5・25cm

後中心線摺雙

後片

No.36 套頭衫下襬線

0.7cm

27.5・29・30.5cm

29cm

No.35 連身裙下襬線

0.8cm

29.5・31・32.5cm

19.7・20.3・21.6cm

12.4・12.6・12.8cm

2.5cm

8.8・9.2・9.5cm

27.8・28.5・29cm

1.3cm

4cm

25.5・27・28.5cm

1.9cm

前片

前中心線摺雙

24.1・24.5・25cm

0.7cm

No.36 套頭衫下襬線

27.5・29・30.5cm

製作成與後片脇線相同尺寸

29cm

No.35 連身裙下襬線

29.5・31・32.5cm

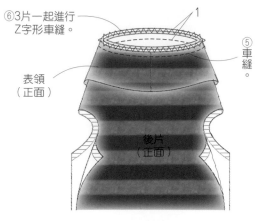

⑥3片一起進行Z字形車縫。

表領（正面）

①

⑤車縫。

後片（正面）

4.縫合脇線

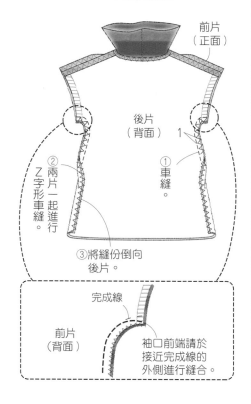

前片（正面）

②燙開縫份

後片（背面）

①車縫。

②兩片一起進行Z字形車縫。

③將縫份倒向後片。

完成線

前片（背面）

袖口前端請於接近完成線的外側進行縫合。

5.縫合袖口・下襬線

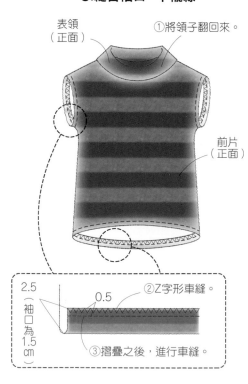

表領（正面）

①將領子翻回來。

前片（正面）

2.5（袖口為1.5cm）

0.5

②Z字形車縫。

③摺疊之後，進行車縫。

②於 ～～～ 的部分進行Z字形車縫。

後片（正面）

前片（正面）

2.縫合肩線

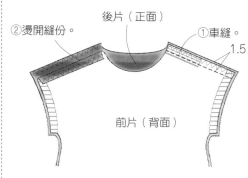

②燙開縫份

後片（正面）

①車縫。

1.5

前片（背面）

3.製作＆接縫領子

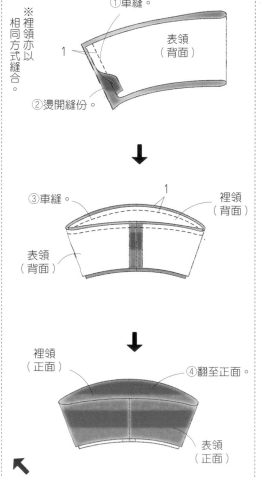

①車縫。

表領（背面）

1

②燙開縫份。

※裡領亦以相同方式縫合。

③車縫。

1

裡領（背面）

表領（背面）

裡領（正面）

④翻至正面。

表領（正面）

↖

↖

裁布圖

※除了指定（●內的數字）之外，縫份皆為1cm。

表布（正面）

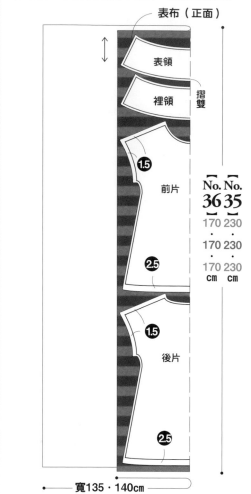

表領

裡領

摺雙

1.5

前片

2.5

1.5

後片

2.5

	No.36	No.35
	170	230
	170	230
	170	230
	cm	cm

寬135・140cm

1.縫製前的準備

①於袖口・下襬線黏貼上布紋橫切的襯布條，並於前片的肩線黏貼上布紋縱切的襯布條（請參照P.58）。

約10cm　約10cm

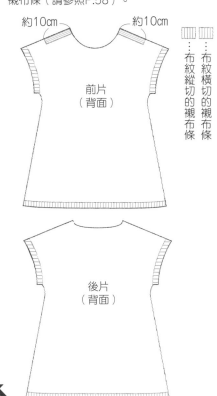

前片（背面）

後片（背面）

布紋縱切的襯布條

布紋橫切的襯布條

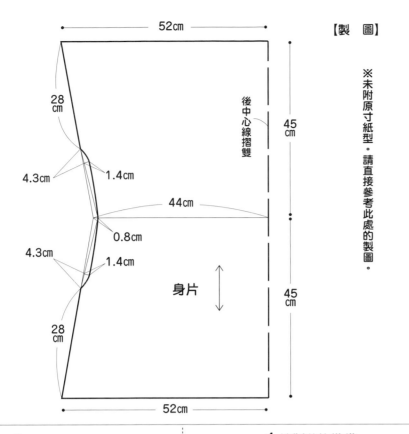

【製圖】

52cm

28cm

4.3cm　1.4cm

44cm

0.8cm

4.3cm　1.4cm

身片

28cm

52cm

後中心線摺雙

45cm

45cm

※未附原寸紙型。請直接參考此處的製圖。

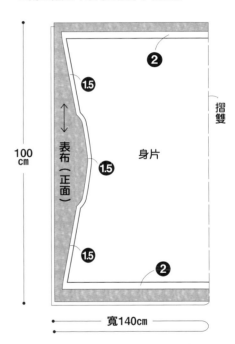

P.52　No. **37**　飛鼠袖開襟外套

材料

表布 寬140cm (羊毛聚酯纖維混紡針織布)	100cm
接著襯 寬90cm	10cm

完成尺寸（Free size）

總長	約90cm

裁布圖

※附上指定（●內的數字）的縫份。

100cm

表布（正面）

身片

摺雙

❷

1.5

1.5

1.5

❷

寬140cm

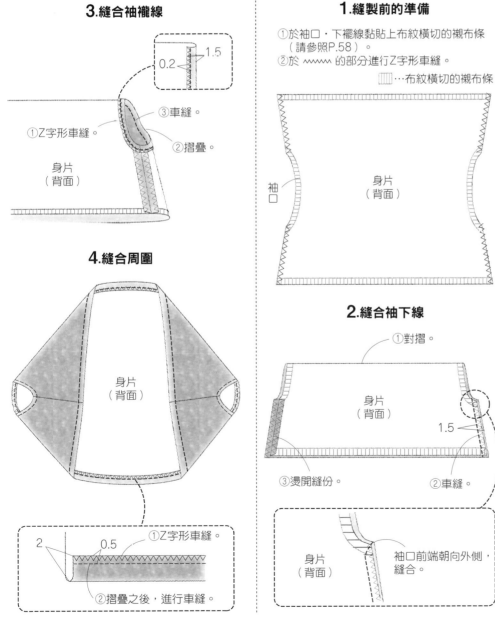

3.縫合袖襱線

0.2　1.5

①Z字形車縫。

③車縫。

②摺疊。

身片（背面）

4.縫合周圍

身片（背面）

2　0.5

①Z字形車縫。

②摺疊之後，進行車縫。

1.縫製前的準備

①於袖口・下襱線黏貼上布紋橫切的襯布條（請參照P.58）。

②於 ∧∧∧∧ 的部分進行Z字形車縫。

▥…布紋橫切的襯布條

袖口

身片（背面）

2.縫合袖下線

①對摺。

身片（背面）

1.5

②車縫。

③燙開縫份。

身片（背面）

袖口前端朝向外側，縫合。

作法順序

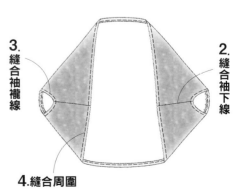

1.縫製前的準備

3.縫合袖襱線

2.縫合袖下線

4.縫合周圍

作法順序

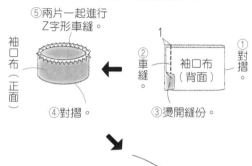

1. 縫製前的準備
2. 縫合後中心線
3. 縫合剪接線・脇線
4. 製作＆接縫袖口布
5. 縫合領圍線・下襬線

裁布圖

※除了指定（●內的數字）之外，縫份皆為1cm。

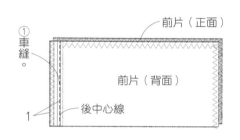

- 布耳
- 前端側
- 前片
- 脇線・剪接線側
- ② 下襬線
- ② 後片（1片）
- 表布（正面）
- 摺雙
- ② 下襬線
- 袖口布
- 70cm
- 寬200cm

P.52 No.**38** 短版開襟外套

材料

表布 寬200cm （羊毛針織布）	70cm

完成尺寸（Free size）

總長	60cm	胸圍	120cm

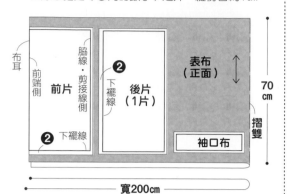

【製圖】

※未附原寸紙型。
請參考此處的製圖。

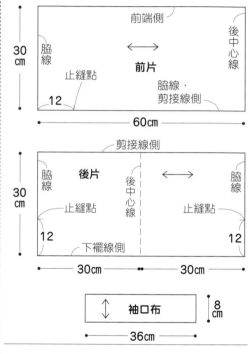

- 30cm
- 前端側
- 脇線
- 前片
- 後中心線
- 止縫點
- 脇線・剪接線側
- 12
- 60cm

- 剪接線側
- 30cm
- 脇線
- 後片
- 後中心線
- 脇線
- 止縫點
- 止縫點
- 12
- 下襬線側
- 12
- 30cm
- 30cm

- 袖口布
- 8cm
- 36cm

1.縫製前的準備

①於前片的後中心線黏貼上布紋橫切的襯布條（參照P.58）。

▥…布紋縱切的襯布條

- 前片（背面）※2片
- 後中心線

②於周圍進行Z字形車縫。

- 前片（正面）※2片
- 布耳
- 後片（正面）

4.製作＆接縫袖口布

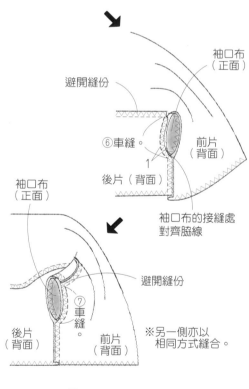

- ⑤兩片一起進行Z字形車縫。
- 袖口布（背面）
- ①對摺
- ②車縫。
- ③燙開縫份。
- ④對摺。
- 袖口布（正面）
- 避開縫份
- 袖口布（正面）
- ⑥車縫。
- 前片（背面）
- 1
- 後片（背面）
- 袖口布的接縫處對齊脇線
- 避開縫份
- 袖口布（正面）
- ⑦車縫
- 後片（背面）
- 前片（背面）
- ※另一側亦以相同方式縫合。

5.縫合領圍線・下襬線

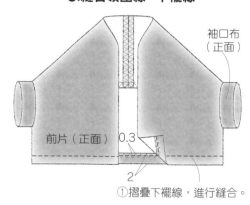

- 袖口布（正面）
- 前片（正面）
- 0.3
- 2
- ①摺疊下襬線，進行縫合。

2.縫合後中心線

- 車縫。
- 前片（正面）
- ①
- 前片（背面）
- 1
- 後中心線

3.縫合剪接線・脇線

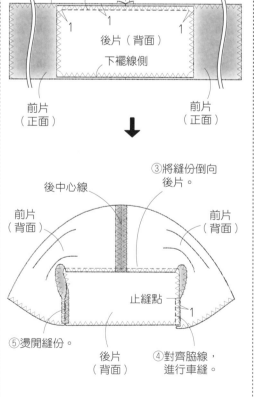

- 後中心線
- 脇線
- ②車縫。
- ①燙開縫份。
- 1
- 1
- 1
- 後片（背面）
- 下襬線側
- 前片（正面）
- 前片（正面）
- ③將縫份倒向後片。
- 後中心線
- 前片（背面）
- 前片（背面）
- 止縫點
- 1
- ⑤燙開縫份。
- 後片（背面）
- ④對齊脇線，進行車縫。

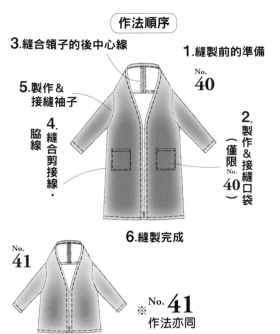

作法順序

3.縫合領子的後中心線

1.縫製前的準備

No.40

5.製作＆接縫袖子

4.縫合剪接線・脇線

2.製作＆接縫口袋（僅限No.40）

6.縫製完成

No.41

※No.41 作法亦同

P.54　No.41　開襟短外套

材料

	S	M	L
表布 寬130cm（棉質羊毛布）	200cm	200cm	210cm
接著襯 寬20cm		10cm	

完成尺寸

	S	M	L
胸圍	102cm	108cm	114cm
總長	約59cm	約60cm	約61cm

P.54　No.40　開襟長版外套

材料

	S	M	L
表布 寬145cm（Jazz Nep Wool）	250cm	250cm	260cm
接著襯 寬20cm		10cm	

完成尺寸

	S	M	L
胸圍	102cm	108cm	114cm
總長	約111cm	約113cm	約115cm

【製 圖】

※未附原寸紙型。
　請參考此處的製圖。

※■…S ■…M ■…L
　的尺寸(■為通用)

※畫完之後，請確認各部件所有的縫合處
　（肩線・脇線・袖襱）的尺寸是否為相同尺寸。

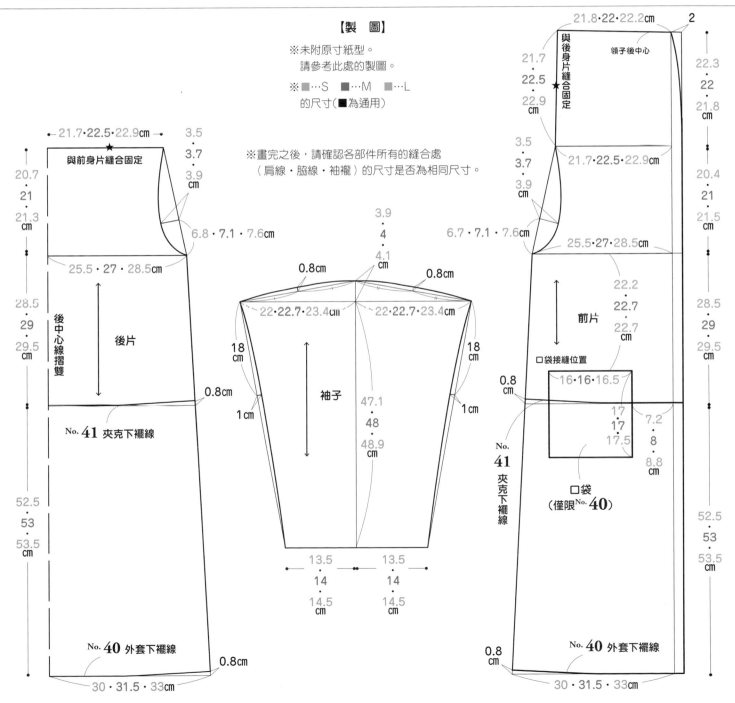

94

5.製作＆接縫袖子

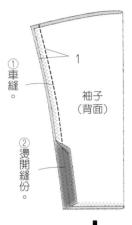

① 車縫。
1
袖子（背面）
② 燙開縫份。

袖子（背面）
0.3
2.5
③ 摺疊。
④ 車縫。

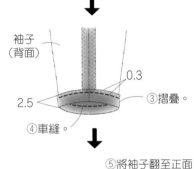

⑤ 將袖子翻至正面，放入身片之中。
1
⑥ 車縫。
袖子（背面）
⑦ 兩片一起進行Z字形車縫。
前片（背面）

※另一邊袖子亦以相同方式縫合。

6.縫製完成

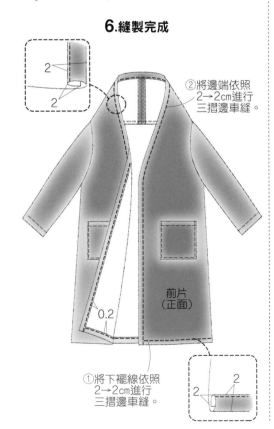

2
2

② 將邊端依照 2→2cm進行三摺邊車縫。

0.2

① 將下襬線依照 2→2cm進行三摺邊車縫。
2
2

2. 製作＆接縫口袋（僅限No.40）

① 依照1→2cm進行三摺邊車縫。
1
2
0.2
口袋（背面）

② 摺疊縫份
口袋（背面）
1

③ 對齊接縫位置，進行車縫。
前片（正面）
0.2
口袋（正面）

※另一片口袋亦以相同方式縫合。

3.縫合領子的後中心線

② 燙開縫份。
① 車縫。
1
前片（正面）
前片（背面）

4.縫合剪接線‧脇線

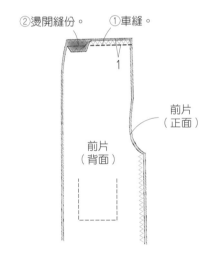

② 兩片一起進行Z字形車縫。
③ 將縫份倒向身片
① 車縫。
1
後片（正面）
④ 車縫。
1
⑤ 燙開縫份。

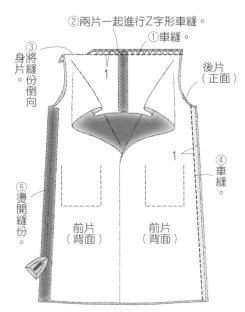

前片（背面）
前片（背面）

【裁布圖】

※除了指定（●內的數字）之外，縫份皆為1cm。

表布（正面）

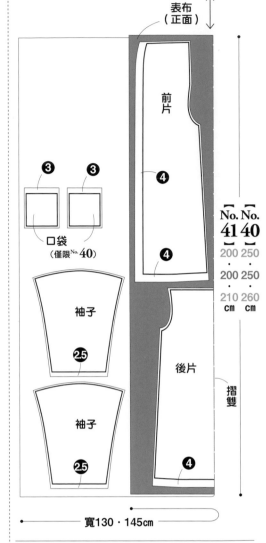

前片
❸ ❸
❹
口袋（僅限No.40）
❹

後片
摺雙
❹

	No.41	No.40
	200	250
	200	250
	210	260
	cm	cm

袖子
㉕
袖子
㉕

寬130‧145cm

1. 縫製前的準備

② 於∧∧∧的部分進行Z字形車縫。
① 黏貼接著襯。

袖子（正面）※2片

口袋（背面）
3
※2片

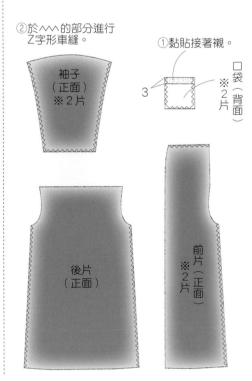

後片（正面）

前片（正面）※2片

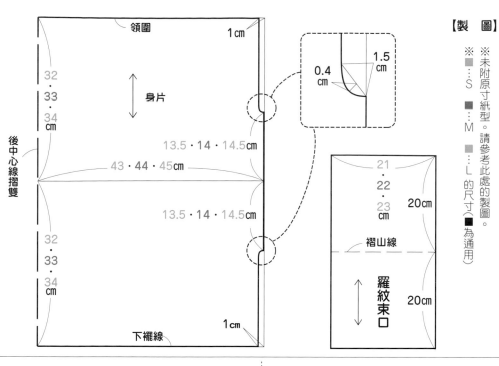

【製圖】

領圍

1cm

身片

32・33・34 cm

13.5・14・14.5cm

43・44・45cm

13.5・14・14.5cm

32・33・34 cm

後中心線摺雙

下襬線

1cm

1.5cm

0.4cm

21・22・23 cm

褶山線

羅紋束口

20cm

20cm

※ ■…S
※ ■…M
■…L 的尺寸（■為通用）

※未附原寸紙型。請參考此處的製圖。

No. 39

P.53　No. 39　羅紋袖波雷諾小外套

材料

	S	M	L
表布 寬100cm（羊毛針織布）	120cm	120cm	120cm
接著襯 寬90cm		10cm	

完成尺寸

	S	M	L
袖長	63cm	64cm	65cm
總長	64cm	66cm	68cm

3.製作＆接縫羅紋束口

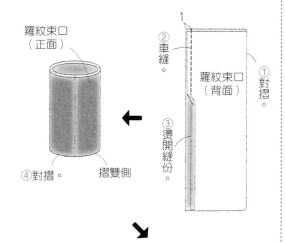

羅紋束口（正面）

④對摺。　摺雙側

①對摺。
②車縫。
③燙開縫份。

羅紋束口（背面）

1

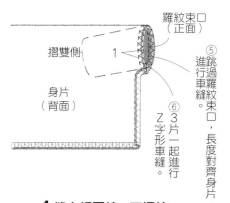

※另一側亦同。

摺雙側

羅紋束口（正面）

1

身片（背面）

⑤進行跳過羅紋束口，長度對齊身片。

⑥3片一起進行Z字形車縫。

4.縫合領圍線・下襬線

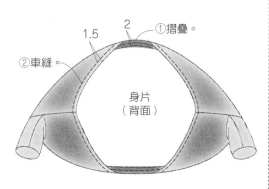

1.5　2

①摺疊。
②車縫。

身片（背面）

1. 縫製前的準備

①於領圍・下襬線黏貼上布紋橫切的襯布條（請參照P.58）。

▥▥…布紋橫切的襯布條

身片（背面）

②於 〜〜〜 的部分進行Z字形車縫。

身片（正面）

2.縫合脇線

①對摺。

身片（背面）

②車縫。

1

④將縫份倒向單側。

③兩片一起進行Z字形車縫。

裁布圖

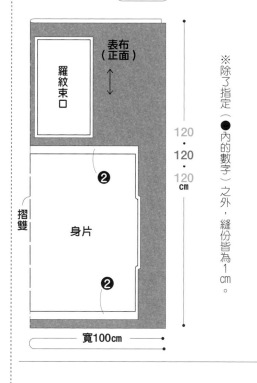

羅紋束口

表布（正面）

❷

身片

❷

摺雙

120・120・120 cm

寬100cm

※除了指定（●內的數字）之外，縫份皆為1cm。

作法順序

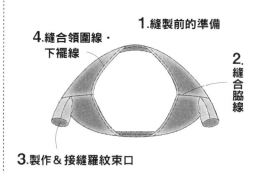

1.縫製前的準備

4.縫合領圍線・下襬線

2.縫合脇線

3.製作＆接縫羅紋束口

國家圖書館出版品預行編目資料

迷人の自信穿搭術：時尚女子的生活感手作服43選 /
BOUTIQUE-SHA授權；霍中蓮, 彭小玲, 洪鈺惠譯.
-- 初版. -- 新北市：雅書堂文化, 2019.02
　面；　公分. -- (Cotton friend特別編集；3)
ISBN 978-986-302-475-0(平裝)

1.縫紉 2.衣飾 3.手工藝

426.3　　　　　　　　　　　108000638

Cotton friend 特別編集 03

迷人の自信穿搭術
時尚女子的生活感手作服43選

作　　　者／BOUTIQUE-SHA
譯　　　者／瞿中蓮・彭小玲・洪鈺惠
發 行 人／詹慶和
總 編 輯／蔡麗玲
執行編輯／黃璟安
編　　　輯／蔡毓玲・劉蕙寧・陳姿伶・李宛真・陳昕儀
封面設計／陳麗娜
美術編輯／周盈汝・韓欣恬
內頁排版／造極
出 版 者／雅書堂文化事業有限公司
發 行 者／雅書堂文化事業有限公司
地　　　址／新北市板橋區板新路206號3樓
郵政劃撥帳號／18225950　戶名／雅書堂文化事業有限公司
電　　　話／(02)8952-4078　傳　真／(02)8952-4084
網　　　址／www.elegantbooks.com.tw
電子信箱／elegant.books@msa.hinet.net

⋯⋯⋯⋯⋯⋯⋯⋯⋯⋯⋯⋯⋯⋯⋯⋯⋯⋯⋯⋯⋯⋯⋯⋯⋯⋯⋯⋯

2019年2月初版一刷　定價／480元

Lady Boutique Series No.4720
COTTON FRIEND SEWING
2018 Boutique-sha, Inc.
All rights reserved.
Original Japanese edition published in Japan by BOUTIQUE-SHA.
Chinese (in complex character) translation rights arranged with BOUTIQUE-SHA
through Keio Cultural Enterprise Co., Ltd., New Taipei City, Taiwan.

⋯⋯⋯⋯⋯⋯⋯⋯⋯⋯⋯⋯⋯⋯⋯⋯⋯⋯⋯⋯⋯⋯⋯⋯⋯⋯⋯⋯

經銷／易可數位行銷股份有限公司
地址／新北市新店區寶橋路235巷6弄3號5樓
電話／(02)8911-0825
傳真／(02)8911-0801

⋯⋯⋯⋯⋯⋯⋯⋯⋯⋯⋯⋯⋯⋯⋯⋯⋯⋯⋯⋯⋯⋯⋯⋯⋯⋯⋯⋯

STAFF
書籍設計　みうらしゅう子
攝　　影　回里純子
　　　　　腰塚良彦・藤田律子
造　　型　山田祐子
妝髮設計　タニジュンコ
模 特 兒　エモン美由貴・ハナ・ハンナ
編　　輯　根本さやか・並木 愛・渡辺千帆里・川島順子
編輯協力　竹林里和子
校　　對　片山優子
縫　　製　小林かおり（No.20・21・24・25）
　　　　　加藤容子（No.11・12・22・23・28・29）

SHOP LIST

■アース ミュージック＆ エコロジー 東京ソラマチ
■アダストリアカスタマーサービス
■ア ドゥ ヴィーヴル
■アメリカンホリック プレスルーム
■イェッカ ヴェッカ 新宿
■株式会社MC スクエア
　http://www.mcsquare.co.jp/
■オーバーライド 明治通り店
■カオリノモリ ハラジュク
■クロバー株式会社
　http://www.clover.co.jp/
■シティーヒル
■jack&bean
　https://jackb.c2ec.com/
■鎌倉スワニー（鎌倉本店）
　ttp://www.swany-kamakura.co.jp/
■鎌倉スワニー（山下公園店）
　http://www.swany-kamakura.co.jp/
■セブンデイズサンデイ マークイズみなとみらい
　布地のお店 ソールパーノ
　https://www.rakuten.co.jp/solpano/
　https://store.shopping.yahoo.co.jp/solpano/
■株式会社フジックス
　http://www.fjx.co.jp/
■mocamocha
　http://mocamocha.com/
■ユザワヤ商事株式会社
　http://www.yuzawaya.co.jp/
■ヨーロッパ服地のひでき
　http://rakuten.co.jp/hideki/
■ランダ

選擇自己喜歡的布料
作出時尚簡約的日常手作服

鎌倉SWANY第一本服裝縫紉書‧嚴選31款超人氣款式！

擁有超人氣包包及波奇包手作教室的鎌倉SWANY，

使用在衣服上的布料種類也很豐富喔！

也常和各品牌合作聯名，為不同服裝款式推出各式布料，

善用獨家開發素材搭配各種嶄新的設計，目前已有1000款以上的設計布料。

本書充滿了鎌倉SWANY的特有風格。

作為該店第一本服裝縫製書，從人氣款式中嚴選出31款，

除了原寸紙型之外，也介紹製作方法和穿搭技巧。

製作簡單，可以馬上穿搭，能充分感受素材觸感……

請各位試著製作看看，一定會著迷於鎌倉SWANY的特有魅力之中。

U0086778

布料嚴選
鎌倉SWANY的自然風手作服
主婦與生活社◎授權
21×28.5cm‧88頁‧彩色＋單色
定價：420元